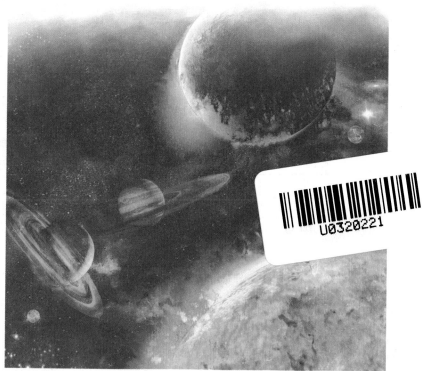

U0320221

宇宙探秘

YUZHOU
TANMI

青少科普编委会 编著

吉林出版集团
Jilin Publishing Group

吉林科学技术出版社
JiLin Science&Technology Publishing House

图书在版编目（ＣＩＰ）数据

宇宙探秘/青少科普编委会编著.—长春：吉林
科学技术出版社，2012.1（2019.1重印）
ISBN 978-7-5384-5565-6

Ⅰ.①宇… Ⅱ.①青… Ⅲ.①宇宙－青年读物②宇宙
－少年读物 Ⅳ.①P159-49

中国版本图书馆CIP数据核字（2011）第277192号

编　著	青少科普编委会
出 版 人	李　梁
特约编辑	怀　雷　刘淑艳　仲秋红
责任编辑	赵　鹏　万田继
封面插画	吴锡军
封面设计	长春茗尊平面设计有限公司
制　　版	长春茗尊平面设计有限公司
开　　本	710×1000　1/16
字　　数	150千字
印　　张	10
版　　次	2012年3月第1版
印　　次	2019年1月第9次印刷

出　　版	吉林出版集团
	吉林科学技术出版社
发　　行	吉林科学技术出版社
地　　址	长春市人民大街4646号
邮　　编	130021
发行部电话/传真	0431-85635177　85651759　85651628
	85677817　85600611　85670016
储运部电话	0431-84612872
编辑部电话	0431-85630195
网　　址	http://www.jlstp.com
印　　刷	北京一鑫印务有限责任公司

书　　号	ISBN 978-7-5384-5565-6
定　　价	29.80元

如有印装质量问题　可寄出版社调换

前言 QIANYAN

　　遥远的天际，深邃的夜空，闪烁的星星……总带给人无尽的好奇和幻想。这本《我的第一套百科全书——宇宙探秘》将帮孩子揭开宇宙的神秘面纱，初步认识茫茫太空。

　　本书语言流畅优美，图文结合，简明有趣地介绍了宇宙领域，提升少儿的阅读能力，丰富课外知识。既是父母指导孩子的最佳课外读物，又是培养孩子科学观的必读书籍。

目录 MULU

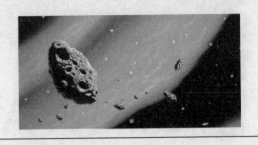

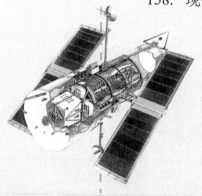

绚烂的星空

浩瀚的宇宙里有好多好多星球，有一类自身能发光发热、肉眼看起来似乎不动的星球，我们称之为恒星，比如太阳；还有一类自身不会发光，只绕着恒星运转的星球，我们称之为行星，比如火星。此外，还有划过天际的流星、阴险的黑洞……

美丽的星空

měi dào qíng lǎng de yè wǎn wǒ men jiù huì kàn dào yī kē liǎng kē sān kē xǔ

每到晴朗的夜晚，我们就会看到一颗，两颗，三颗……许

duō kē xīng xīng zài yè mù xià jīng líng yī yàng zhǎ zhe yǎn jing tā men hái xíngchéng le gè zhǒngyǒu

多颗星星，在夜幕下精灵一样眨着眼睛。它们还形成了各种有

qù de xīng zuò yǒu de xiàng liè rén yǒu de xiàng shī zi yǒu de xiàngsháo zi

趣的星座，有的像猎人，有的像狮子，有的像勺子……

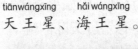

总在运行的行星

xíng xīng shì zì shēn bù fā guāng de shǔ yú xiàngguāngxīng xì

行星是自身不发光的，属于向光星系

yī zú wéi rào héngxīng bù tíng yùnzhuǎn tài yáng xì yǒu bā dà xíng

一族，围绕恒星不停运转。太阳系有八大行

xīng shuǐxīng jīn xīng dì qiú huǒ xīng mù xīng tǔ xīng

星：水星、金星、地球、火星、木星、土星、

tiānwángxīng hǎi wángxīng

天王星、海王星。

小知识

rén mentōng guò tàn cè

人们通过探测

hēi dòng xī jī pán zhōu wéi

黑洞吸积盘周围

de fú shè tuī duàn chū hēi dòng

的辐射推断出黑洞

de cún zài

的存在。

熊熊燃烧的恒星

héngxīng dōu shì qì tǐ xīng qiú lí dì qiú

恒星都是气体星球。离地球

zuì jìn de héngxīng shì tài yáng zài qínglǎng de yè

最近的恒星是太阳，在晴朗的夜

wǎn wǒ men kě yǐ kàn dào duō kē héngxīng

晚，我们可以看到6000多颗恒星

ō zài yín hé xì zhōng de héngxīng dà yuē yǒu

哦，在银河系中的恒星大约有

yì kē

1200亿颗。

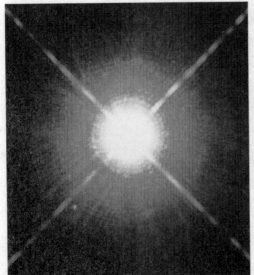

shǎnliàng de héngxīng

◀ 闪亮的恒星

长尾巴的彗星
（cháng wěi ba de huì xīng）

彗星拖着一条长长的尾巴，俗称"扫帚星"。它是由冰冻和尘埃组成的星际间物质，属于太阳系中的一类小天体，在偏长的轨道上运行。

烟花般的流星
（yān huā bān de liú xīng）

流星是分布在星际空间的细小物体和尘粒，它们本来绕太阳运行，但在经过地球附近时，受地球引力的影响，改变轨道下滑，就形成了流星。

"贪吃"的黑洞
（tān chī de hēi dòng）

黑洞也是个球体，吸力极大，连光都跑不出来，是个无底洞，大家要小心哦！

▶ 流星
（liú xīng）

庞大的天球
páng dà de tiān qiú

宇宙是一个大得无边无际的天球，里面有地月系、太阳系、银河系和总星系。太阳公公和地球母亲都在宇宙里面，还有千百亿颗恒星、大量的气体和许许多多的尘埃。

银河系

银河系从正面看像一个车轮的形状，侧看像一个中心略鼓的大圆盘，盘子的周围还有四条"手臂"，银河系包括1200亿颗恒星、星团和星云。在银河系中，只有地球是存在生命的球体。

太阳系

太阳系包括8颗行星、至少165颗卫星、6颗已经被人们辨认出来的矮行星和许多的小行星、柯伊伯带的天体、彗星和星际尘。

◀ 庞大的宇宙

guān yú yǔ zhòu de jié gòu　zhōngguó gǔ dài de tiānyuán dì fāngxuéshuō rèn wéi　tiān shì yuánxíng de
▲ 关于宇宙的结构，中国古代的天圆地方学说认为，天是圆形的

地月系 (dì yuè xì)

dì qiú gōnggōng yǔ yuèliang pó po gòuchéng le dì yuè xì　zài
地球公公与月亮婆婆构成了地月系。在
dì yuè xì zhōng　dì qiú shì zhōngxīn　yuèliangwéi rào dì qiú bù tíng
地月系中，地球是中心，月亮围绕地球不停
de yùnzhuǎn
地运转。

小知识

tài yáng xì zhōng de
太阳系中的
bā dà xíng xīng dōu zài tóng yī
八大行星都在同一
gè píng miàn shang de jìn yuán
个平面上的近圆
guǐ dào shang yùn xíng
轨道上运行。

总星系 (zǒngxīng xì)

zǒngxīng xì bìng bù shì yī gè jù
总星系并不是一个具
tǐ de xīng xì　shì néng bèi rén menguān
体的星系，是能被人们观
cè hé tàn cè dào de fàn wéi　suǒ bāo
测和探测到的范围，所包
hán de xīng xì zài　yì gè yǐ shàng
含的星系在10亿个以上。

zhōng shì jì de yǔ zhòuguān
▲ 中世纪的宇宙观

bù tóng de xīng zuò
不同的星座

夜空里的星星很美，散落在广袤的天幕上，像一颗颗钻石晶莹闪烁。人们为了识别方便，按照星星分布的区域，划分了不同的星座。只是这些星座我们需要在不同的季节才能观测到。

星座起源

星座起源于四大文明古国之一的古巴比伦，古巴比伦人将天空分为许多区域，称为"星座"，不过那时星座用处不大，被发现和命名的更少。

小知识

每个星座的分区不同，它们所占有的空间区域大小也不同。

星座定义

星座是天空中一群在天体上投影的位置相近的恒星的组合。

古代人为了容易辨认星空，就用假想的线条将星星连成一组一组的，每一组叫做一个星座。

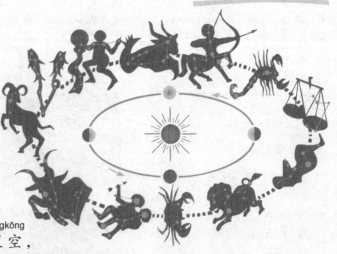

▲ 地球轨道与黄道十二星座

mó jié zuò	shuǐ píng zuò	shuāng yú zuò	bái yáng zuò
摩羯座	水瓶座	双鱼座	白羊座

jīn niú zuò	shuāng zǐ zuò	jù xiè zuò	shī zi zuò
金牛座	双子座	巨蟹座	狮子座

shì nǚ zuò	tiān chèng zuò	tiān xiē zuò	rén mǎ zuò
室女座	天秤座	天蝎座	人马座

▲ xīng zuò
12 星座

dà xióng zuò
大熊座

dà xióngzuò měi tiān wǎnshangdōu chū xiàn zài
大熊座每天晚上都出现在

běi fāng tiān kōng   shì běi jí qū zuì míngliàng zuì
北方天空，是北极区最明亮最

zhòngyào de xīng zuò   běi dǒu qī xīng jiù shì dà
重要的星座。北斗七星就是大

xióngzuòzhōng zuì yǐn rén zhù mù de qī kē liàngxīng
熊座中最引人注目的七颗亮星。

xīng zuò tè diǎn
星座特点

wǒ menguānkàn dào de xīng zuò huì suí zhe
我们观看到的星座会随着

jì jié de biàn huà ér biàn huà   běi dǒu qī xīng
季节的变化而变化，北斗七星

chūntiān dǒu bǐngcháodōng   xià tiāncháonán   qiū
春天斗柄朝东，夏天朝南，秋

tiāncháo xī   dōngtiāncháo běi
天朝西，冬天朝北。

13

běi bàn qiú xīng kōng
北半球星空

zài tóng yī gè xīng qiú shang   nán běi bàn qiú kàn dào de xīng kōng jǐng xiàng shì bù yī yàng de
在同一个星球上，南北半球看到的星空景象是不一样的。

bǐ rú   yǎngwàng běi bàn qiú xīng kōng   nǐ huì zài xià jì kàn dào   xià yè dà sān jiǎo   zài
比如，仰望北半球星空，你会在夏季看到"夏夜大三角"，在

nán bàn qiú kě kàn bù dào   ér qiě   jí biàn zài běi bàn qiú   sì jì de xīng kōng yě shì bù tóng de
南半球可看不到。而且，即便在北半球，四季的星空也是不同的。

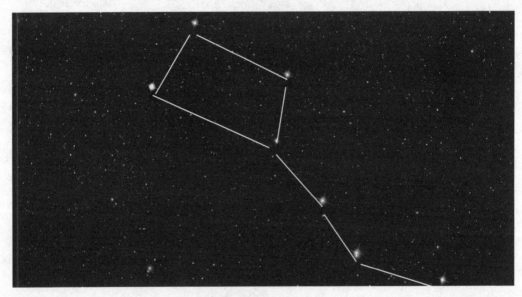

běi dǒu qī xīng
▲ 北斗七星

xīng zuò biànhuàn de yuán yīn
星座变换的原因

yóu yú dì qiú de gōngzhuàn   wǒ men kàn dào xīng zuò de wèi zhi
由于地球的公转，我们看到星座的位置

yě zài bù duànbiàn huà   bù tóng jì jié tóng yī shí kè kàn dào de xīng
也在不断变化，不同季节同一时刻看到的星

zuò yě shì bù tóng de
座也是不同的。

小知识

dōng jì wǎn shang liàng
冬季晚上亮
xīng tè bié duō   wǒ men huì
星特别多，我们会
kàn dào liè hù zuò shuāng zǐ
看到猎户座、双子
zuò jīn niú zuò
座、金牛座。

bǐ tiān xīngkōng de sì jì
北天星空的四季

xīngkōng biāo shí bù tóng　　chūn jì
星空标识不同。春季

xīngkōng zuì yǐn rén zhù mù de shì
星空最引人注目的是

bǐ dǒu qī xīng jí dà xióngzuò　　xià
北斗七星即大熊座；夏

jì xīngkōng de zhòngyào biāo shí shì　　xià
季星空的重要标识是"夏

yè dà sān jiǎo　　qiū jì xīngkōngzhòngyào
夜大三角";秋季星空重要

biāo shí shì fēi mǎ zuò　　dōng jì xīngkōng de
标识是飞马座；冬季星空的

zhòngyào biāo shí shì liè hù zuò
重要标识是猎户座。

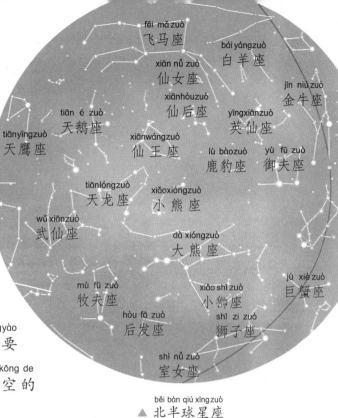

bǐ bàn qiú xīngzuò
▲ 北半球星座

bǐ jí xīng shì bǐ tiān xīngkōngzhōng yī kē zhùmíng de xīng xing　　rú guǒ nǐ zài wǎnshang mí shī
北极星是北天星空中一颗著名的星星，如果你在晚上迷失

le fāngxiàng　　nà me zhǐ yào zhǎodào bǐ jí xīng　　jiù zhǎodào le xiàng bǐ de fāngxiàng
了方向，那么只要找到北极星，就找到了向北的方向。

zài bǐ tiān xīngkōngzhōng　　zuì yǐn rén
在北天星空中，最引人

zhù yì de míngxīng jiù shì zhī nǚ xīng　　tiān
注意的明星就是织女星、天

jīn sì hé niú lángxīngděngliàngxīng　　měidāng
津四和牛郎星等亮星。每当

xià jì dào lái　　bǐ bàn qiú tiānkōngzhōng de
夏季到来，北半球天空中的

liàngxīng yě huì biàn duō
亮星也会变多。

bǐ tiān xīngkōng de xīng tǐ
▲ 北天星空的星体

南半球星空
nán bàn qiú xīng kōng

大航海时代到来后，南半球星空才被人重视。在南半球，星座的方向和形状都是南北颠倒的，在南半球猎户座是头朝上脚朝下的，看起来十分别扭。南半球的星空与北半球星空景象刚好是相反的。

南天天空的星座
nán tiān tiānkōng de xīng zuò

在南天天空也有许多星座，但那时因为南天星座发现得晚，所以这里的星座命名方式与北天星座有很大差别。南天星空中的星座是用常见的动物命名的。

◀ 南半球星图中的杜鹃座
nán bàn qiú xīng tú zhōng de dù juān zuò

"颠倒"的星座
diān dǎo de xīng zuò

在南半球，北半球春天夜空中的狮子座成了南天星空的秋夜星座，北半球秋夜的仙女座成了南天星空春夜的星座。

小知识

在南半球我们是看不到北极星的，南北半球的四季星空不同。

南十字座
nán shí zì zuò

nán shí zì zuò wèi yú bàn rén mǎ zuò hé cāngying
南十字座位于半人马座和苍蝇
zuò zhī jiān shì quántiān gè xīng zuò zuì xiǎo de yī
座之间，是全天88个星座最小的一
gè rén men zài běi huí guī xiàn yǐ nán de dì fāng jiē
个。人们在北回归线以南的地方皆
kě kàn dào nán shí zì zuò de zhěng gè xīng zuò
可看到南十字座的整个星座。

bàn rén mǎ zuò xīng tú
▶ 半人马座星图

有趣的名字
yǒu qù de míng zi

nán tiān xīng zuò zhōng yǒu xǔ duō shì zài shì jì yǐ hòu cái mìngmíng de suǒ yǐ míng zi gèng jiē
南天星座中有许多是在17世纪以后才命名的，所以名字更接
jìn rén men de shì jiè bǐ rú dù juān zuò wàngyuǎnjìng zuò
近人们的世界，比如杜鹃座、望远镜座。

半人马座
bàn rén mǎ zuò

bàn rén mǎ zuò shì yī gè wèi
半人马座是一个位
yú nán bàn qiú xīngkōng de xīng zuò
于南半球星空的星座，
zài kào jìn chì dào de běi bàn qiú yě
在靠近赤道的北半球也
kě yǐ kàn dào tā zhè ge xīng
可以看到它。这个星
zuò shì xiàngzhe yín hé xì zhōng xīn
座是向着银河系中心
fāngxiàng de suǒ yǐ zài bàn rén mǎ
方向的，所以在半人马
zuò nèi yǒu xǔ duōmíngliàng de xīngxing
座内有许多明亮的星星。

jīng yú zuò
鲸鱼座

bǎopíngzuò
宝瓶座

mó jié zuò
摩羯座

fènghuángzuò
凤凰座

tiān é zuò
天鹅座

dù juānzuò
杜鹃座

rén mǎ zuò
人马座

tiān tù zuò
天兔座

kǒngquèzuò
孔雀座

tiān gē zuò
天鸽座

tiān xiē zuò
天蝎座

dà quǎnzuò
大犬座

chuán dǐ zuò
船底座

nán shí zì zuò
南十字座

luó pánzuò
罗盘座

chuán fān zuò
船帆座

tiānchèngzuò
天秤座

chángshézuò
长蛇座

jù jué zuò
巨爵座

nán bàn qiú xīngzuò
▶ 南半球星座

天体的亮度

tiān tǐ de liàng dù

仰望天空，我们用肉眼看到的天体会跟我们"捉迷藏"，一会明，一会暗。天体这样的明亮程度叫做亮度，星等数越小，星星越亮，用视星等表示。亮度单位有视星等，绝对星等。

小知识

天体的亮度用视星等和绝对星等来表示。

◀ 我们肉眼看到的天空中的天体

视星等

天体亮度单位把最亮的星作为一等星，肉眼都能看见的作为 6 等星，这就是视星等。还有负星等。

绝对星等

绝对星等是相对于视星等来说的，按照这个的话牛郎星为 2.19 等，织女星为 0.5 等，天狼星为 1.43 等。

guāng dù
光 度

héngxīng liàng dù bù dàn yòng shì xīng děng biǎo shì
恒星亮度不但用视星等表示，

yě yòng guāng dù biǎo shì héngxīng de biǎomiàn jī yuè dà
也用 光 度表示。恒星的表面积越大

guāng dù yuè dà wēn dù yě yuè gāo
光 度越大，温 度也越高。

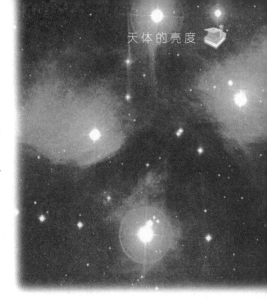

hēi àn tiānkōngzhōng de fā guāng
▶ 黑暗天空中的发光

de xīng tǐ
的星体

guāng dù chā bié
光 度差别

héngxīng zhī jiānguāng dù chā bié hěn dà
恒星之间光 度差别很大，

guāng dù zuì qiáng de héngxīng de guāng dù shì tài
光 度最强的恒星的光 度是太

yángguāng dù de wàn bèi
阳 光 度的 100 万倍。

yè kōng de tiān tǐ liàng dù
▼ 夜空的天体亮度

guāng dù hé xīngděng
光 度和星等

xīngděngyuè xiǎo guāng dù yuè dà yǐ
星等越小， 光 度越大。以

tài yángzuò wéi biāozhǔn lái bǐ jiào zhī nǚ xīng
太阳作为标准来比较，织女星

de jué duì xīngděng shì děng tā de guāng
的绝对星等是 0.5 等，它的光

dù shì tài yángguāng dù de bèi
度是太阳 光 度的 50 倍。

tiān kōng zuì liàng de tiān tǐ
天空最亮的天体

hào hàn yǔ zhòuzhōng de tiān tǐ hěn duō　　tā men　　zhēngqiáng hào shèng　　kàn shuí shì　zuì
浩瀚宇宙中的天体很多，它们"争强好胜"，看谁是"最

shǎn liàng de　　　shì xīng děng zuì liàng de yīng gāi shì tài yáng　　ér jué duì xīng děng zuì liàng de héng xīng
闪亮的"。视星等最亮的应该是太阳，而绝对星等最亮的恒星

shì tiān láng xīng　　zuì liàng de tiān tǐ shì hēi dòng de xī jī pán
是天狼星，最亮的天体是黑洞的吸积盘。

tiān tǐ de chéngyuán
天体的成员

tiān tǐ shì yǔ zhòujiān gè zhǒngxīng tǐ de
天体是宇宙间各种星体的

zǒng chēng　　bāo kuò héng xīng　　xíng xīng　　xiǎo
总称，包括恒星、行星、小

xíng xīng　　wèi xīng　　huì xīng　　liú xīng　　xīng
行星、卫星、彗星、流星、星

yún　　xīng xì děng
云、星系等。

tiān tǐ zhōng de gè zhǒngxīng tǐ
◀ 天体中的各种星体

jīn xīng
金星

jīn xīng shì zuì liàng de xíng xīng　　tā méi
金星是最亮的行星，它没

yǒu tài yáng hé yuè liàngmíng liang　　dàn bǐ tiān
有太阳和月亮明亮，但比天

láng xīngliàng　　bèi　　yóu rú yī kē yào yǎn
狼星亮 14 倍，犹如一颗耀眼

de zuàn shí
的钻石。

jīn xīng
◀ 金星

太阳

tài yáng

太阳属于恒星，是视星等

最亮的，它总是笑眯眯地普照着

大地，是离地球最近的恒星，自身

会发光发热，是太阳系的中心天体。

▶ 太阳火球

天狼星

tiān láng xīng

天狼星是夜空中最亮的恒星，在它周围

陪着它的是一颗白矮星，其视星等为−1.47，

绝对星等为+1.3。

小知识

最亮的天体白

天是太阳公公，晚

上是月亮婆婆。

▼ 宇宙中的星体

广阔的宇宙

宇宙的空间是广阔无垠的，是在地球之外的一个浩瀚无边的星星世界。不论你使用多么先进的望远镜也看不到它的尽头，也无法了解它全部的奥秘，它的神秘等着人们去探索。

yǔ zhòu tài kōng
宇宙太空

宇宙太空浩瀚无边，在时间上它是没有开始也没有结束的，它是个大家庭，有银河系、河外星系、星系团。它挺爱美的，形态是千姿百态，有五彩缤纷的星云。

天体的运动方式

天体的运动方式多种多样，有自转、公转、本动。同时银河系也在自转。

▼ 太空的天体

小知识

宇宙的奥妙是无穷尽的，它的年龄很大，包含的物质很多。

shǎnshuò de xīng tǐ
▲ 闪烁的星体

宇宙多样性
yǔ zhòuduōyàngxìng

zài yǔ zhòu tài kōng li
在宇宙太空里，

tiān tǐ qiān chā wàn bié　yǔ zhòu
天体千差万别，宇宙

wù zhì qiān zī bǎi tài　héngxīng
物质千姿百态。恒星

huì sān wǔ jù jí zài yī qǐ xíng
会三五聚集在一起形

chéng jù xīng　xīng xì kě fēn
成聚星，星系可分

wéi tuǒ yuánxīng xì　xuán wō xīng
为椭圆星系、旋涡星

xì　bàng xuán xīng xì　tòu
系、棒旋星系、透

jìng xīng xì hé bù guī zé xīng xì
镜星系和不规则星系

děng lèi xíng
等类型。

yǔ zhòu tài kōng lǐ de xíngxīng
▲ 宇宙太空里的行星

宇宙太空的年龄
yǔ zhòu tài kōng de nián líng

tā de nián líng yǒu duō dà ne　jù kē
它的年龄有多大呢？据科

xué jiā men tuī suànnián líng zài　yì nián dào
学家们推算年龄在 100 亿年到

yì nián zhī jiān　bǐ tài yáng de nián líng yào
200 亿年之间，比太阳的年龄要

dà hěn duō hěn duō ne
大很多很多呢。

平坦宇宙
píng tǎn yǔ zhòu

tā shì yǔ zhòu de jié jú zhī yī　zhè
它是宇宙的结局之一，这

zhǒngqíngkuàng xià yǔ zhòusuǒyōngyǒu de wù zhì zú
种情况下宇宙所拥有的物质足

yǐ shǐ qí péngzhàng sù dù jiǎnhuǎn　dàn yòu bù
以使其膨胀速度减缓，但又不

fā shēng tān suō
发生坍缩。

yǔ zhòu qǐ yuán
宇宙起源

shì jiè suǒ yǒu de dōng xi dōu yǒu tā de lái yuán　　yǔ zhòu shì gè wù zhì de shì jiè　　zì

世界所有的东西都有它的来源，宇宙是个物质的世界，自

rán yě yǒu qǐ yuán　zhè shì gè hěn shén mì ér qiě shēn ào de wèn tí　　xiǎo péng yǒu men xiǎng bù xiǎng

然也有起源。这是个很神秘而且深奥的问题，小朋友们想不想

zhī dào yǔ zhòu de yuán shǐ shì shén me ne　　nà me gēn wǒ lái kàn yī xià ba

知道宇宙的原始是什么呢？那么跟我来看一下吧。

yǔ zhòu qǐ yuán de běn zhì
宇宙起源的本质

guān yú yǔ zhòu qǐ yuán běn zhì

关于宇宙起源本质

yǒu liǎng zhǒng　　yǔ zhòu mó xíng　　bǐ

有两种"宇宙模型"比

jiào yǒu yǐng xiǎng　　yī shì wěn tài lǐ

较有影响，一是稳态理

lùn　　yī shì dà bào zhà lǐ lùn

论，一是大爆炸理论。

zài zhōng guó de shén huà chuán shuō zhōng

▲在中国的神话传说中，

yǔ zhòu zuì chū xíng sì yī gè jī dàn　　jù rén

宇宙最初形似一个鸡蛋，巨人

pán gǔ chénshuì qí zhōng　　yǒu yī tiān　　tā cóng

盘古沉睡其中，有一天，他从

cháng mèng zhōng xǐng lái　　yòng jù fǔ pī kāi

长梦中醒来，用巨斧劈开

dàn ké　　yī bù fen dàn ké shàngshēngchéng

"蛋壳"，一部分蛋壳上升成

le tiān　　lìng yī bù fen zhuì luò chéng wéi le dì

了天，另一部分坠落成为了地

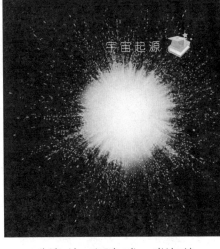

"诞生" ——宇宙大爆炸

在最初，宇宙的物质是集中在一个"宇宙蛋"里，在一次大爆炸后分裂成无数的碎片，形成了今天的宇宙。

宇宙大爆炸促成了各种星系的出现

▲ "大爆炸"说认为，在爆炸之初，宇宙中不存在质量，充斥整个宇宙的都是各种能量很高的电磁辐射。

循环的大爆炸

宇宙膨胀达到极点时将又会发生一场大爆炸，大爆炸是循环进行的，但是时间间隔很长。

中微子

中微子是科学家最近发现的一种粒子，它很轻不带电，被称为"鬼粒子"。

小知识

宇宙的"诞生"是基于宇宙的爆炸产生的。

péngzhàng de yǔ zhòu
膨胀的宇宙

现在的宇宙，就像个气球，变得越来越大，它现在已经很"胖"了，那么它还会继续膨胀下去，变得越来越大吗？下面我们就来看一下吧。

▲ 宇宙膨胀是太空本身携带着星系团在膨胀

时间会不会膨胀

时间是会膨胀的，但在我们的世界里一般都是空间的膨胀，要不就没有时间标准这一说了，小朋友们也就不会怕上课迟到了。

膨胀是不是会继续

宇宙是由于大爆炸形成的，大爆炸以后，物质向外膨胀，星系会离我们越来越远，宇宙还是会继续膨胀的，说不定哪天大爆炸，又有了另外一个宇宙呢。

小知识

在暗能量的推动下，宇宙会继续膨胀。

宇宙的膨胀率

膨胀率是宇宙膨胀的速度，由"哈勃定律"得出的"哈勃常数"就是宇宙膨胀的速率。

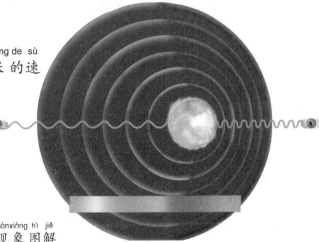

▶ 多普勒红移现象图解

宇宙是如何"变胖的"

在宇宙变得越来越胖时，所有的星系会离我们远去，物质会稀释，暗能量越来越显著。

▼ 膨胀的宇宙天体

宇宙膨胀到极限的后果

宇宙膨胀到极限最终会变成一个大火球——"大崩坠"，如果万有引力不能阻止它的持续膨胀，它会变成一个漆黑冰冷的世界。

yǔ zhòu de wèi lái
宇宙的未来

suí zhe dà bào zhà，yǔ zhòu dànshēng le，zhī hòu jiù biàn de yuè lái yuè pàng，hěn duō kē
随着大爆炸，宇宙诞生了，之后就变得越来越胖，很多科
xué jiā duì yǔ zhòu de mìng yùn zuò chū le yù cè，tā de wèi lái gāi shì shén me ne？yī gè jiào
学家对宇宙的命运作出了预测，它的未来该是什么呢？一个叫
shǐ dì fēn huò jīn de rén zuò chū le kē xué yù cè。
史蒂芬·霍金的人作出了科学预测。

wù zhì de mì dù
物质的密度

yǔ zhòu tài kōngzhōng wù zhì de mì dù jué
宇宙太空中物质的密度决
dìng le yǐn lì de dà xiǎo。mì dù dà yǐn lì jiù
定了引力的大小。密度大引力就
dà，mì dù xiǎo yǐn lì jiù xiǎo。dāng dá dào yī
大，密度小引力就小。当达到一
gè lín jiè diǎn wù zhì jiù huì biànshēn ō
个临界点物质就会"变身"哦。

píng jūn mì dù
平均密度

yǔ zhòuzhèngbiàn de yuè lái yuè dà
▲ 宇宙正变得越来越大，
yǔ zhòuzhōng de xīng xì zhèngyán zhe gè zì
宇宙中的星系正沿着各自
de fāngxiàngcháo wài fēi lí
的方向朝外飞离

zài yǔ zhòuzhōng，wù zhì de píng jūn mì dù jué dìng
在宇宙中，物质的平均密度决定
yǔ zhòu de mìngyùn，tā shì bǎ lín jiè mì dù dàngzuò
宇宙的命运，它是把"临界密度"当做
jìng zi ne
镜子呢。

"临界密度"

当平均密度大于临界密度，宇宙就会继续"发胖"。

比它小，就会"瘦身"。

"开放宇宙"

宇宙所包含的物质太少，引力无法阻止它的继续"发胖"，结果宇宙会永无止境地膨胀下去，这是结局之一。

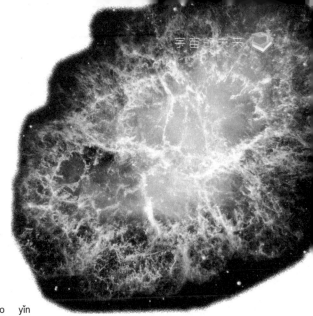

▲ 松散的星云状态物质

▼ 天文望远镜

小知识

宇宙的未来是与物质的平均密度有关的。

31

星际气体和物质

在宇宙的大家庭里，有好多东西都是很谦虚的呢，别看它们不起眼，但是少了它们哪个都不可以，尤其是那些不起眼的星际气体和物质。不信？那来看一看你就知道了。

星际气体

星际气体包括气态的原子、分子、电子、离子等。星际气体的组成元素中主要是氢，其次是氦。

气态原子

我们用肉眼是看不到的，是一种很小很小的微粒。在太空里会脱掉身上的电子，以等离子状态出现。

小知识

星际气体和物质虽不起眼，但作用很大。

▼ 星际气体

等离子状态

在茫茫无际的宇宙空间里,等离子状态是一种普遍存在的状态。只有那些昏暗的行星和分散的星际物质里才可以找到固态、液态和气态的物质。

▲ 巨大的尘埃柱

不起眼的星际物质

星际物质是存在于调皮的星星之间的各种物质的总称,有实体,也有看不到的波。它们很不起眼,藏得很隐蔽呢,是最近几十年才把它们给找出来的。

àn néng liàng hé àn wù zhì
暗能量和暗物质

在宇宙太空中，有很多躲在暗处的家伙，你不知道它们，但是它们的作用可不能小看哦，说不定与宇宙的诞生和未来有很大关系呢！

▲ 在星系团的碰撞中，暗物质因为移动缓慢而被抛了出来，所以被观测到。

"谜团"暗能量

暗能量的另一个名字叫暗能，它是一种看不到但是能推动宇宙运动的能量，它在宇宙物质中约占73%，占绝对的统治地位。

暗能量——起源

暗能量起源于爱因斯坦的方程式，后由科学家发现的很特别的物质，到目前为止它还是个谜团呢。

小知识

暗物质是比较"内向"的，自身能发射电磁辐射。

出场方式
chūchángfāng shì

暗能量总是以一种旋涡运
àn néngliàngzǒng shì yǐ yī zhǒngxuán wō yùn

动的形式出现。
dòng de xíng shì chū xiàn

暗物质
àn wù zhì

暗物质又叫暗质，它很不一
àn wù zhì yòu jiào àn zhì tā hěn bù yī

般，是一种不发光也不发射电磁
bān shì yī zhǒng bù fā guāng yě bù fā shè diàn cí

辐射的物质，在宇宙结构中占
fú shè de wù zhì zài yǔ zhòu jié gòu zhōng zhàn

23%。它藏得很隐蔽呢，人们通过
tā cáng de hěn yǐn bì ne rén mentōng guò

引力才能得知它的存在。
yǐn lì cái néng dé zhī tā de cún zài

暗物质的组成
àn wù zhì de zǔ chéng

暗物质的主要组成物质是
àn wù zhì de zhǔ yào zǔ chéng wù zhì shì

中微子和轴子。中微子这种
zhōngwēi zǐ hé zhóu zǐ zhōngwēi zǐ zhèzhǒng

粒子是很"懒惰"的。
lì zǐ shì hěn lǎn duò de

暗物质的分类
àn wù zhì de fēn lèi

依据其运动的速率，可
yī jù qí yùndòng de sù lǜ kě

以分成冷暗物质、温暗物质
yǐ fēn chénglěng àn wù zhì wēn àn wù zhì

和热暗物质
hé rè àn wù zhì

▼ 现在我们知道，暗物质在宇宙能量密度中占了1/4，它主导了宇宙结
xiàn zài wǒ men zhī dào àn wù zhì zài yǔ zhòunéngliàng mì dù zhōngzhàn le tā zhǔ dǎo le yǔ zhòu jié

构的形成
gòu de xíngchéng

páng dà de xīng xì
庞大的星系

宇宙中有个岛屿就是星系，它特别爱凑热闹，除了恒星和星际物质之外，大部分的星系都有数量庞大的多星系统、星团以及各种不同的星云，星系大小差异很大。

"爱热闹"星系的分类

星系很庞大，按照其形状有几千个，有旋涡星系、椭圆星系、棒旋星系、不规则星系、类星系、矮星系，等等。

▼ "幼年期"的星系在宇宙中慢慢形成

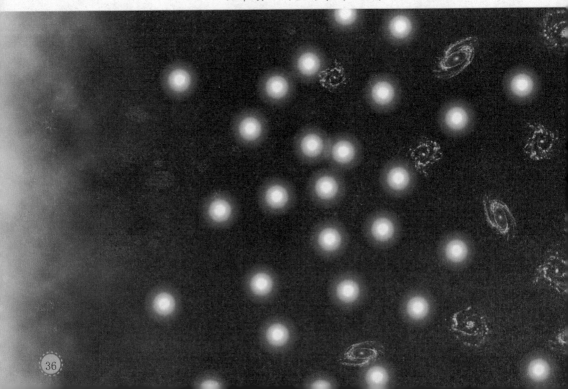

星系的形成

当宇宙大爆炸时，大量的物质被抛射到空中，平衡的气体被打破，使这些物质聚集在一起形成物质团，

▲ 不同形状的星系

这些物质团在运动中被分裂，最终形成无数恒星，这时原始的星系便形成了。

小知识

星系是爱热闹，庞大的，是宇宙中星星的"岛屿"。

▲ 宇宙中庞大的星系

星系的活动轨迹

星系本身也在自转，整个星系也在空间运动，逆时针旋转的星系更多，而且它里边的恒星也不老实，在运动着呢。

最大的星系

最大的星系在宇宙深处，其质量差不多是银河系的1000倍，距离地球约77亿光年。

星系的形状

每个东西都有它自己的样子，宇宙中没有两个星系的形状是完全相同的，每一个星系都有自己独特的外貌，好奇的小朋友就赶快跟我来先睹为快吧。

▲ 椭圆星系

圆盘状的外貌

星系的形状大都近似于饼状，在不同的视觉角度看会出现不同的形状，有圆状、椭圆状、旋涡状等。

◀ 旋涡星系

具体的形状

星系的类型不同，形状也不同。旋涡星系它们呈旋臂式圆盘形，椭圆星系呈扁平球状，棒旋星系在外形上与旋涡星系非常相似，但棒旋星系的旋臂是笔直的，像棒子一样。

◀ 棒旋星系

▼ 不规则星系

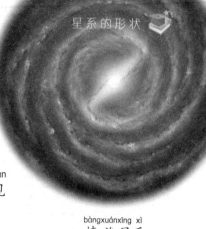

形状与颜色
xíngzhuàng yǔ yán sè

xíngzhuàng bù tóngxīng xì de yán sè yě bù xiāngtóng
形状不同星系的颜色也不相同：

tuǒ yuánxīng xì duō yóu lǎo nián héngxīng zǔ chéng chéngxiàn huáng sè
椭圆星系多由老年恒星组成，呈现黄色

huò hóng sè xuán wō xīng xì niánqīng de xīng xì bǐ jiào duō chéngxiàn
或红色；旋涡星系年轻的星系比较多，呈现

chū qīng sè
出青色。

bàngxuánxīng xì
▲ 棒旋星系

形状与大小
xíngzhuàng yǔ dà xiǎo

xíngzhuàng bù tóngxīng xì de dà xiǎo yě bù tóng tuǒ yuánxīng xì
形状不同星系的大小也不同：椭圆星系

de zhí jìng zài guāngnián dào wàngguāngnián zhī jiān xuán wō xīng
的直径在3300光年到49万光年之间；旋涡星

xì zhí jìng zài wàngguāngnián dào wàngguāngnián zhī jiān bù guī
系直径在1.6万光年到16万光年之间；不规

zé xīng xì zhí jìng dà yuē zài guāngnián dào wàngguāngnián zhī jiān
则星系直径大约在6500光年到2.9万光年之间。

小知识

xīng xì dà dōu chéng
星系大都呈

yuán pán zhuàng shì jiǎo bù
圆盘状，视角不

tóng lèi xíng bù tóng jù tǐ
同，类型不同，具体

xíngzhuàng yě bù tóng
形状也不同。

xuán wō xīng xì
▼ 旋涡星系

tuǒ yuán xīng xì
椭圆星系

在星系的王国里，有一个椭圆星系，它是老年恒星的集合体，是宇宙中常见的一类星系。在它里边几乎不含低温气体，没有年轻的恒星形成。没有像蜂群那样的成员星在各自轨道上绕中心转动，我们就来看一下这个奇怪的星系吧。

形状 xíngzhuàng

椭圆星系外形呈圆形或椭圆形，中心亮，边缘渐暗，看起来呈红色或黄色。

◀ 椭圆星系 NGC 1700
tuǒ yuánxīng xì

结构 jié gòu

椭圆星系仅有少量气体和尘埃，辐射大部分来自红巨星，无热的亮恒星，无旋涡结构。

类型 lèi xíng

按椭率大小分，椭圆星系可分为 E0、E1、E2、E3……E7 八个次型，E0 型是圆星系，E7 型是最扁的椭圆星系。

椭圆星系

————— M110

成因 chéng yīn

椭圆星系的形成也很有趣，先形成旋涡扁平星系，两个旋涡扁平星系相遇、混合再形成椭圆星系。

成员 chéngyuán

在椭圆星系的家庭里，有星际物质、年轻的恒星和疏散星团，但是在大一点的椭圆星系里，都有以老年恒星为主的球状星团。

范围 fàn wéi

椭圆星系的质量是没有限制的，尺度范围也是最宽广的。

小知识

椭圆星系还是"有精力"的，到目前它仍在产星。

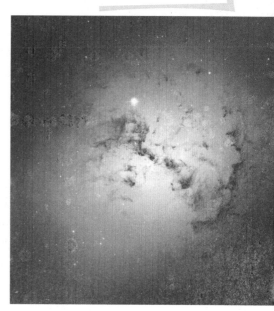

▲ 椭圆星系 NGC 1316

xuán wō xīng xì
旋涡星系

在星系的大家庭里，旋涡星系是最大的星系，它的家庭成员有年轻的恒星也有年老的恒星，很热闹呢。它是数量最多，外形最漂亮的一个星系。形状像江河中的旋涡，所以取名"旋涡星系"。

▲ 第一类旋涡星系

▲ 第二类旋涡星系

▲ 第三类旋涡星系

▲ Sb型中心区较小，旋臂开展

xíngzhuàng
形状

从正面看，外形呈旋涡结构，有明显的核心，核心呈凸透镜形，核心球外是一个薄薄的圆盘，有几条旋臂；从侧面看呈梭状。

形态结构

旋涡星系的核部像椭圆星系，旋臂里含有大量的蓝巨星、疏散星团和气体星云。

家庭成员

旋涡星系家庭成员有大量气体、尘埃、又热又亮的恒星和疏散星团，是有旋臂结构的扁平状星系。

结构

旋涡星系是由螺旋臂、星系球核跟星系的扁球体组成。

小知识

旋涡星系是一个很热闹的家庭，是星系里最大的一个星系。

▼ M 104 旋涡星系

棒旋星系
bàng xuán xīng xì

zài suǒ yǒu xīng xì zhōng yǒu zhè yàng yī zhǒng xīng xì　shì héng xīng de hé xīn yǒng jí dào yī qǐ
在所有星系中有这样一种星系，是恒星的核心涌集到一起

chuān guò le xuán wō xīng xì de zhōng xīn xíng chéng de　chéng bàng zi zhuàng　hǎo duō piào liang yǒu qù de
穿过了旋涡星系的中心形成的，呈棒子状。好多漂亮有趣的

xīng zuò dōu shǔ yú bàng xuán xīng xì
星座都属于棒旋星系。

形 状
xíngzhuàng

zài xuán wō xīng xì de hé xīn chéng
在旋涡星系的核心，呈

bàngzhuàng bìng héng yuè guò xīng xì de zhōng
棒状，并横越过星系的中

xīn tā de liǎng tiáo xuán bì zài duǎn bàng de
心。它的两条旋臂在短棒的

liǎng tóu xuán bì yǔ bàng tǐ chéng dù jiǎo
两头，旋臂与棒体呈90度角

地位
dì wèi

zài quán tiān de liàng xīng xì zhōng bàng xuán
在全天的亮星系中棒旋

xīng xì yuē zhàn dāng tǒng jì dào jiào àn
星系约占15%，当统计到较暗

de xīng xì shí bàng xuán xīng xì de bǐ lì tí
的星系时,棒旋星系的比例提

gāo dào
高到25%。

xīng xì
◀ NGC1512 星系

▲ 棒旋星系 SBa 类型　　　▲ 棒旋星系 SBb 类型　　　▲ 棒旋星系 SBc 类型

分类

棒旋星系在星系分类法中以符号 SB 表示。正常棒旋星系分为 SBa、SBb 和 SBc；透镜型棒旋星系是 SBo；不规则棒旋星系分为 SBd 和 SBm。

小知识

在旋涡星系中 SBa 旋臂缠得最紧，SBc 旋臂最舒展。

例子

棒旋星系位于好多漂亮的星座上，比如仙女座、狮子座、大熊座，还有鲸鱼座、长蛇座。

▶ NGC 1365 星系

不一般的运动

棒旋星系运动时核心快速旋转，周围的恒星和气体都不是圆周运动，星系盘自转。

bù guī zé xīng xì
不规则星系

zài xīng xì li　　hái yǒu yī xiē xiǎo jiā huo　　tā men hěn huó po　　méi yǒu míng xiǎn de hé
在星系里，还有一些小家伙，它们很活泼，没有明显的核

hé xuán bì　　wài guān hěn hùn luàn　　yī kāi shǐ bìng méi yǒu bèi liè rù hā bó xù liè zhōng ne　　zhí
和旋臂，外观很混乱，一开始并没有被列入哈勃序列中呢。直

dào xiàn zài zài zhè ge dà jiā tíng li cái yǒu le tā men de yī xí zhī dì　　wǒ men lái kàn kàn tā
到现在在这个大家庭里才有了它们的一席之地。我们来看看它

men bā
们吧。

wài xíng
外形

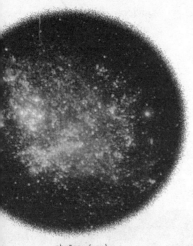

shuāng yú zuò
▲ 双鱼座

tā yī diǎn dōu bù ài shōu shi　　wài guān hěn hùn luàn bù guī
它一点都不爱收拾，外观很混乱不规

zé　　méi yǒu hé hé xuán bì　　yě méi yǒu pán zhuàng duì chèn jié gòu
则。没有核和旋臂，也没有盘状对称结构。

dì yī gè lèi xíng
第一个类型

xíng de shì diǎn xíng de bù guī zé xīng xì　　tā men de tǐ
I 型的是典型的不规则星系，它们的体

jī hěn xiǎo　　zhì liàng shì tài yáng gōng gong de hǎo duō bèi　　hái kě
积很小，质量是太阳公公的好多倍，还可

yǐ kàn jiàn bù guī zé de bàng zhuàng jié gòu
以看见不规则的棒状结构。

jiā tíng chéng yuán
家庭成员

zài tā de jiā li yǒu　　　xíng xīng　　diàn lí qīng qū　　qì
在它的家里有 O—B 型星、电离氢区、气

tǐ hé chén āi děng nián qīng de xīng zú　　tiān tǐ　　tā men zhàn hěn dà bǐ lì
体和尘埃等年轻的星族 I 天体，它们占很大比例。

xīng xì
◀ NGC1427 星系

▲ M 82 星系

第二个类型

Ⅱ型具有无定型的外貌，分辨不出恒星和

星团等组成成分，而且有明显的尘埃带。

第三个类型

第三种不规则星系是矮不

规则星系，是被发现的暗弱蓝

星系，星系的金属含量较低，

气体的成分偏高。

"Robert 四星组合"

它是一个美丽而神秘的组

合，是由四个不规则星系组成

的家庭，在凤凰座附近。

成员

包裹在光亮云气里有两团新诞生的恒星，成员大部分是大

质量恒星，而且很短命。靠近"钩子"嘴的恒星是其中最明亮

的一颗，它是一种少见的明亮蓝色变星。

▼ NGC4449 星系

xīng xì yǒu duō yuǎn
星系有多远

zài tài kōngzhōng   yǒu hěn duō yǒu qù shén mì de dōng xi   xīng xì   xīng zuò   xīng yún
在太空中，有很多有趣神秘的东西，星系、星座、星云，

měi dāng wǒ men kàn yè kōng kàn dào zhǎ ya zhǎ de xīng xing   xiǎo péng yǒu huì wèn   xīng xing lí wǒ men
每当我们看夜空看到眨呀眨的星星，小朋友会问"星星离我们

yǒu duō yuǎn   nà me xīng xì lí wǒ men dào dǐ yǒu duō yuǎn ne
有多远？"那么星系离我们到底有多远呢？

lí dì qiú zuì jìn de xīng xì
离地球最近的星系

xiān nǚ xīng xì shì lí dì qiú zuì jìn de
仙女星系是离地球最近的

xīng xì   tā yòu jiào zuò xiān nǚ zuò dà xīng yún
星系，它又叫做仙女座大星云，

jù dì qiú yuē   wànguāngnián
距地球约220万光年。

xiān nǚ zuòxīng xì
▼ 仙女座星系

xiān nǚ xīng xì
仙女星系

xiān nǚ xīng xì wèi yú xiān nǚ zuò   zuì jiā
仙女星系位于仙女座，最佳

guān cè jì jié wéi qiū jì   shì xīngděngwéi
观测季节为秋季，视星等为3.5

děng   shì quántiān zuì liàng de xuán wō xīng xì   yě
等，是全天最亮的旋涡星系，也

shì ròu yǎn kě jiàn de zuì yuǎntiān tǐ
是肉眼可见的最远天体。

离地球最远的星系
lí dì qiú zuì yuǎn de xīng xì

A1689—zD1 星系是目前为止离地球最远
xīng xì shì mù qián wéi zhǐ lí dì qiú zuì yuǎn

的星系，虽然测到了它发出的光线，但有可
de xīng xì suī rán cè dào le tā fā chū de guāngxiàn dàn yǒu kě

能已经死亡。
néng yǐ jīng sǐ wáng

小知识

星系离我们的
xīng xì lí wǒ men de

距离是不同的，有
jù lí shì bù tóng de yǒu

的离我们近，有的
de lí wǒ men jìn yǒu de

离我们远。
lí wǒ menyuǎn

▲ 旋涡星系
xuán wō xīng xì

戒指星系 AM 0644—741
jiè zhǐ xīng xì

AM 0644—741 有一个美丽的
yǒu yī gè měi lì de

蓝色亮光环，人们称它是戒指
lán sè liàngguānghuán rén menchēng tā shì jiè zhǐ

星系。它的直径有15万光年，比
xīng xì tā de zhí jìng yǒu wàngguāngnián bǐ

我们的银河系要大很多。它在飞
wǒ men de yín hé xì yào dà hěn duō tā zài fēi

鱼座方向，距离我们约300光年。
yú zuò fāngxiàng jù lí wǒ men yuē guāngnián

Arp188—宇宙级蝌蚪
yǔ zhòu jí kē dǒu

这只宇宙级的蝌蚪位于北天
zhè zhī yǔ zhòu jí de kē dǒu wèi yú běi tiān

的天龙座内，它引人注目的尾巴
de tiān lóng zuò nèi tā yǐn rén zhù mù de wěi ba

是由许多巨大明亮的蓝色星团
shì yóu xǔ duō jù dà míngliàng de lán sè xīngtuán

所组成，随着蝌蚪星系的年龄
suǒ zǔ chéng suí zhe kē dǒu xīng xì de nián líng

增加，它的尾巴很可能也会消失。
zēng jiā tā de wěi ba hěn kě néng yě huì xiāo shī

银河系
yín hé xì

天上有条"银丝带",就是银河系,地球跟太阳都在这个星系上。它从侧面看像一个中间略鼓的大圆盘,圆盘四周包围着很大的圆晕,圆晕中散布着恒星跟星团。银河系很大很大,有两亿多颗恒星。

外貌

在侧面看就好似一个大银盘,具有旋涡结构,一个银心和四个对称旋臂。太阳就在它的猎户臂上。

家庭成员

在银河系的大家庭里很热闹,有数以亿计的恒星、星云、星团,还有星际气体跟星际尘埃。

◀ 银河系

结构 jié gòu

银河系由核球、螺旋臂跟银晕组成，其中核球就是银心，螺旋臂有猎户臂、天鹅臂、英仙臂、人马臂，银晕就是银冕。

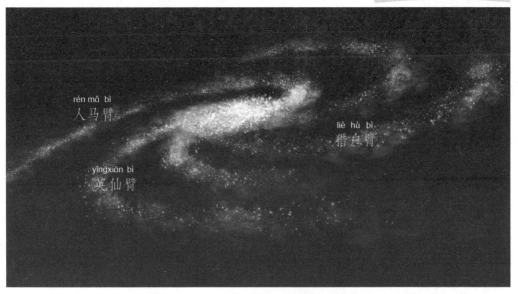

人马臂 rén mǎ bì
英仙臂 yīngxiān bì
猎户臂 liè hù bì

▲ 旋臂由炙热、发着蓝光的年轻恒星组成，这使其非常明亮

银盘 yín pán

是由恒星、气体还有尘埃组成的扁平盘，具有旋涡结构，太阳就位于银盘内。

▶ 银河系中心的疏散星团质量非常大，密度也很高，是一个年轻星团，年龄估计不会超过400万年。

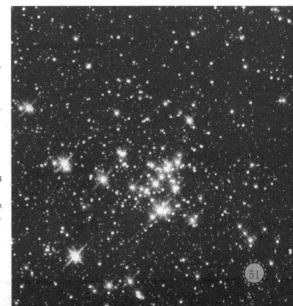

hé wài xīng xì
河外星系

河外星系的另外一个名字叫星系，它与银河系相对，距离超出了银河系的范围，我们能观测到的河外星系有10多亿个。因为在宇宙中像辽阔海洋中的岛屿，所以又叫"宇宙岛"。

míng zi de yóu lái
名字的由来

银河外还有许许多多的天体，由许多恒星、星云、星团组成，与银河系类似，但距离超出了银河系的范围，就命名为"河外星系"。

小知识

河外星系的明星星系可是仙女座星系哦。

▶ zhì liàng zuì dà de chāo jù xíng
▶ 质量最大的超巨型椭圆星系可能是宇宙中最大的恒星系统

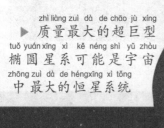

zhùmíngxīng xì
著名星系

最著名的河外星系有：

仙女座星系、猎犬座星系、大麦哲伦星系、小麦哲伦星系和室女座星系等。

◀ 星系是由千百亿颗恒星以及分布在它们之间的星际气体、宇宙尘埃等物质构成的天体系统

星系的分类

主要分成三类：椭圆星系、螺旋星系和不规则星系。还有透镜星系，它是介于椭圆星系和旋涡星系之间。

演化

在宇宙诞生瞬间，能量爆发，随着宇宙的膨胀冷缩，形成了一些"沟"，星系团就是由这些沟形成的。

▼ 成团集聚的星系

xiān nǚ zuò xīng xì
仙女座星系

在河外星系中，有一个明星星系，就是仙女座星系。因位于仙女座而出名，是一个巨大的旋涡星系，是北半球用肉眼可见的最亮的离地球最近的星系。

▲ 仙女座星系

结构

它有核、旋臂、星系盘和星系晕，包含了3000多亿颗恒星，还有星云和暗黑区域，变星、星团和新星等。

有趣的仙女座星系

仙女座河外星系跟河外星系M32以及NGC205构成了"仙女座三重星系"，这个三重星系和银河系、三角星系，大小麦哲伦星系构成了"星系群"。

xiān nǚ zuò hé wài xīng xì
▶ 仙女座河外星系

tā wèi yú xiān nǚ zuò
它位于仙女座

xīng fù jìn　shì xīngděng
Y星附近，视星等

shì　xīngděng　ròu yǎn kě
是3.5星等，肉眼可

zhí jiē kàn dào yī gè diǎn
直接看到一个点，

zhí jìng wéi　wànguāngnián
直径为16万光年。

xiān nǚ zuò xīng xì shù shí yì nián hòu cái huì yǔ yín hé xì xiāng
仙女座星系数十亿年后才会与银河系相

yù　bìng yǔ tā fā shēngpèngzhuàng　zhèzhǒngqíngkuàng lí wǒ men hái
遇，并与它发生碰撞，这种情况离我们还

hěn yáoyuǎn
很遥远。

小知识

xiān nǚ xīng xì shì yí
仙女星系是一

gè fēi cháng diǎn xíng de xuán
个非常典型的旋

wō xīng xì
涡星系。

xiān nǚ zuò de　zhī zuì
仙女座的 "之最"

xiān nǚ zuò xīng xì shì qiū yè xīngkōng zuì měi lì de tiān tǐ　yě shì dì yī gè bèi zhèngmíng shì
仙女座星系是秋夜星空最美丽的天体，也是第一个被证明是

hé wài xīng xì de tiān tǐ　shì yòng ròu yǎn kě yǐ kàn jiàn de zuì yáoyuǎn de tiān tǐ
河外星系的天体，是用肉眼可以看见的最遥远的天体。

吞噬的星系
tūn shì de xīng xì

在宇宙中，也会有弱肉强食，会有很多比较厉害的星系把其他星系给"吃掉"哦，螺旋星系吞噬矮星系，不断生长壮大。在这个过程中也会有些矮星系幸存下来。

▲ 指环星系就是星系之间不断撞击和吞噬形成的

▲ 有些恒星流像一条项链一样围绕在大星系周围

向日葵星系

螺旋星系 M63 被称为"向日葵星系"，有数千亿颗恒星，它们"以大吃小"，会把矮星系撕成碎片。

"隐藏花瓣"

这些花瓣是星系吞噬过程中留下来的残留物，形成了微弱的潮汐流结构。

肮脏的食客

螺旋星系吞噬矮星系时，吃的不干净，会留下来残留物，这些残留物会环绕在螺旋星系的周围，是黑色的臂状结构和恒星云。

潮汐退却

一些矮星系被撕裂以后，形成潮汐流后偷偷藏了起来，成为吞噬过程中的幸存者，像银河系周围的矮星系。

恒星带环绕星系

矮星系被螺旋星系撕裂以后，会形成一个恒星带。

伞状结构

一个被撕裂的矮星系被吃完以后，形成"雨伞"，是最亮的潮汐流。

▼ M 51 和伴星系

星系之最
xīng xì zhī zuì

宇宙中有许多星系，它们千姿百态，呈现出不同的面貌，在各个方面都会有一个"第一名"呢，最大的，最小的，最远的，最近的，最亮的，最暗的……你不让我，我不让你的，我们就来一一列举吧。

小知识

夜空中最亮的是天狼星，仙女座是秋季能观测到的最漂亮的星座。

最近的星系

离太阳最近的星系是比邻星系，它与银河系内的球状星团大小一样，离太阳只有55光年。离银河系最近的是麦哲伦云星系。

最远的星系

离地球最远的星系Abell1835IR1916星系，距离地球132亿光年。

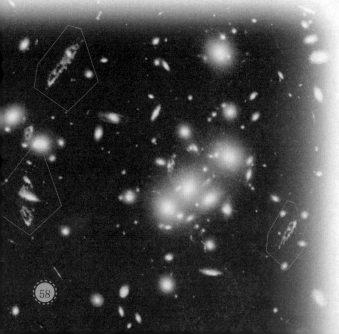

◀ 这是利用重力透镜效应捕捉到的一个原始星系图像

最大的星系

目前最大星系是3C345星系，比银河系大好多倍，是德国天文学家发现的。

质量"称冠"的星系

M87星系是目前质量最大的星系，是27万亿个太阳质量，属于椭圆星系，内部很不平静，有剧烈的物质抛射。

最暗的星系

最暗的星系是在摩羯座内的一个小星系，它的绝对星等只有6.5等，换句话说，整个星系所发出的光大约只与猎户一颗恒星相当，这是多么可怜啊。

最亮的星系

最亮星系的光度是太阳的3700亿倍，如果有人有神通把这个星系搬迁到离我们32.6光年的地方，这时地球上将不会再有黑夜。

▶ 银河系

mài zhé lún yún
麦哲伦云

它们可是银河系的两个矮小的"邻居"呢，在北纬20°以南的地区升出地平面，是南天银河附近两个肉眼清晰可见的云雾状天体。身为大名鼎鼎的银河系的邻居，我们也有必要了解一下它们呢。

命名

葡萄牙航海家麦哲伦环球航行时对它们作了精确描述，后来就以他的姓氏命名。大云叫大麦哲伦云，简称大麦云；小云叫小麦哲伦云，简称小麦云；合称麦哲伦云。

▼大麦哲伦星云

麦哲伦云的大小

大麦哲伦云在剑鱼座和山案座，约6度大小，相当于12个月球视直径；小麦哲伦云在杜鹃座，张角约2度，相当于4个月球视直径；两个云在天球上相距约20度。

麦哲伦云

小知识

dà mài zhé lún yún wéi
大麦哲伦云围
rào yín hé xì xuán zhuǎn yī
绕银河系旋转一
zhōu yào　　yì nián ne
周要1亿年呢。

性质 xìng zhì

mài zhé lún yún shì ǎi xīng xì
麦哲伦云是矮星系。

dà mài yún shǔ ǎi bàng xuán xīng xì huò
大麦云属矮棒旋星系或

bù guī zé xīng xì ，zhì liàng wéi yín
不规则星系，质量为银

hé xì de　　xiǎo mài yún shǔ
河系的 1/20。小麦云属

bù guī zé xīng xì huò bù guī zé bàng
不规则星系或不规则棒

xuán ǎi xīng xì ，zhì liàng zhǐ jí yín
旋矮星系，质量只及银

hé xì de
河系的 1/100。

dú zhī zhū xīng zài nán tiān qiú de dà mài zhé lún xīng yún zhōng，xīng yún
▲ 毒蜘蛛星在南天球的大麦哲伦星云中，星云
zhōng de yī tuán nián qīng hé dà zhì liàng de héng xīng chēng wéi
中的一团年轻和大质量的恒星称为 R 136

家庭成员 jiā tíng chéng yuán

zài tā men de shì jiè li yǒu nián qīng de
在它们的世界里有年轻的

xīng zú de tiān tǐ ，gāo guāng dù
星族Ⅰ的天体，高光度 O—B

xíng xīng ，xīn xīng 、chāo xīn xīng yí jì 、
型星，新星、超新星遗迹、X

shè xiàn shuāng xīng děng tiān tǐ
射线双星等天体。

麦哲伦气流 mài zhé lún qì liú

dà 、xiǎo mài zhé lún yún yǒu yī gè gōng
大、小麦哲伦云有一个公

gòng de qīng yún bāo céng ，yī zhí shēn zhǎn dào nán
共的氢云包层，一直伸展到南

yín jí tiān qū ，héng kuà bàn gè tiān qiú 。zhè
银极天区，横跨半个天球。这

jiù shì mài zhé lún qì liú
就是麦哲伦气流。

星系的碰撞

大家都会认为星系的大家庭里很稳定，很团结，那你就错了。时不时的星系之间会闹些小矛盾，发生些"小摩擦"，出现一些碰撞，跟星球碰撞一样，是星系演变过程中常见的现象。

碰撞的结果

当两个现象碰撞后，其中的一个没有力气让自己运行下去，它就会"坠"向对方，最终合并成一个星系。

碰撞的产物

星系就像一个个"恒星制造机"，碰撞之后不只是有毁灭，还有新生，会有新的恒星诞生。

◀ 星系碰撞

碰撞导致黑洞转向

在发生碰撞时，最活跃的旋涡在吞噬气体和恒星时，会以可怕的速度运转，吸入的物质在旋转时形成盘状物，致使黑洞发生转向。

碰撞奇观

四个巨大的星系发生碰撞，并合并成至今为止观测到的最大规模的星系，质量大小为银河系的10倍，碰撞时椭圆星系发生了扇形羽状光。

▶ 星系相撞形成的弥漫星云

最美的碰撞

两个银河系排列成两个动感的光圈，看上去就像化妆舞会上的面具，在面具下边藏着一双神秘的"蓝眼睛"，这双蓝眼睛就是正在合并的星系的中心。

▼ 两个螺旋星系相撞在一起，创造了老鼠星系

gǔ guài de xīng xì
古怪的星系

所谓宇宙之大，无奇不有，有的星系很"安分"，但是有的星系就很奇怪，从外表来看，它们"长"的就和其他星系不一样，而且它们还有很多其他地方和正常的星系不一样。

不规则星系

宇宙中的星系一般是椭圆形和螺旋形，不过还有大约5%的星系呈现不规则的形状，可谓是形态万千啊。

"太空肇事者"

有的星系可是"很坏"呢，它速度很快地冲向另一个星系，把别人撞的支离破碎，然后自己又很快地"逃走"。

▲ 宏伟的阔边帽星系很像一顶帽子，它正好侧对着我们，除了中心众多的亮星外，还有一条显著的暗色带子穿过星系盘的中心。

星系团

xīng xì tuán

yǔ zhòu zhōng hái yǒu jǐ gè shí jǐ gè
宇宙中还有几个、十几个、

shèn zhì jǐ shí gè xīng xì jù jí dào yī qǐ xíngchéng
甚至几十个星系聚集到一起形成

xīng xì tuán xíngchéng jù dà de qún tǐ
星系团，形成巨大的群体。

活跃星系

yǒu de xīng xì zhōngyānghuódòng shí
有的星系中央活动十

fēn huó yuè tā de zhōngyāngyǒu yī gè
分活跃，它的中央有一个

hěn dà zhì liàng de hēi dòng zhōuwéi de dōng
很大质量的黑洞，周围的东

xi dōu wéi rào zhe zhè ge hēi dòngyùndòng
西都围绕着这个黑洞运动。

小知识

yǔ zhòu zhōng de xīng
宇宙中的星
xì bìng bù shì dān yī de
系并不是单一的，
ér shì xíng tài wàn qiān qiān
而是形态万千，千
zī bǎi tài de
姿百态的。

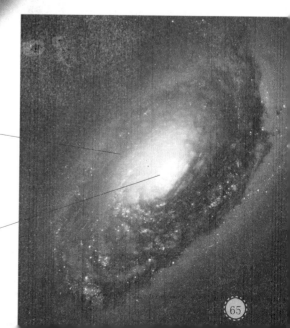

xuán bì
旋臂

xīng xì hé shì xīng xì de zhōng xīn bù fen yī bān jù
星系核是星系的中心部分，一般具

yǒugāo mì dù de xīng tǐ hé qì tǐ yǐ jí yī gè chāo
有高密度的星体和气体以及一个超

dà zhì liàng de hēi dòng
大质量的黑洞

爱因斯坦十字
ài yīn sī tǎn shí zì

爱因斯坦是著名的物理学家，爱因斯坦十字又是什么呢？让我来告诉你，在飞马座中，一个类星体发出的光线被分成了四份，形成了一个旋涡星系的十字形状，这就是"爱因斯坦十字"。

位置

爱因斯坦十字位于飞马座内，它包括近处的四重影像和远处的一个星系的核心。

▶ 2004 年发射的证实爱因斯坦相对论的卫星

引力透镜效应

爱因斯坦十字是引力透镜效应的例证，有一个遥远的类星体碰巧位于一个星系的后方，就好像是酒杯对远处街灯的透镜效应一样——它产生了多重影像。这就是引力透镜。

小知识

别名爱因斯坦十字架，位于飞马座内。

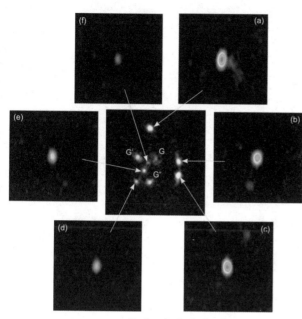

liù xiàng yǐn lì tòu jìng xiào guǒ
▲ 六像引力透镜效果

有趣的事
yǒu qù de shì

yuǎn fāng tiān tǐ huì bèi yǐn lì tòu jìng xiào yìng fēn
远方天体会被引力透镜效应分
chéng sì gè yǐng xiàng ài yīn sī tǎn shí zì tú xiàng liàng
成四个影像，爱因斯坦十字图像亮
dù huì gǎi biàn
度会改变。

wèi xīng shang de tuó luó yí
卫星上的陀螺仪

dì qiú xuán zhuǎn shí tuō dòng zhōu wéi de shí kōng
▶ 地球旋转时拖动周围的时空
cháng suǒ yǐ wèi xīng shang xié dài de tuó luó yí de zhǐ
场，所以卫星上携带的陀螺仪的指
xiàng fā shēng le gǎi biàn
向发生了改变。

微透镜
wēi tòu jìng

dāng yín hé xì zhōng yī gè àn tiān
当银河系中一个暗天
tǐ zhèng hǎo zài yī gè jiào yuǎn de héng xīng
体正好在一个较远的恒星
qián jīng guò shǐ tā de xiàng duǎn zàn zēng
前经过，使它的像短暂增
liàng jiù shì jiào xiǎo guī mó de yǐn lì
亮，就是较小规模的引力
tòu jìng xiào yìng jiào zuò wēi tòu jìng
透镜效应，叫做"微透镜"。

爱因斯坦
ài yīn sī tǎn

kàn dào ài yīn sī tǎn shí zì dà
看到爱因斯坦十字，大
jiā dōu huì xiǎng dào ài yīn sī tǎn ài
家都会想到爱因斯坦，爱
yīn sī tǎn shì xiàn dài wù lǐ de diàn jī
因斯坦是现代物理的奠基
rén shì yī wèi dé yì měi guó kē xué jiā
人，是一位德裔美国科学家。

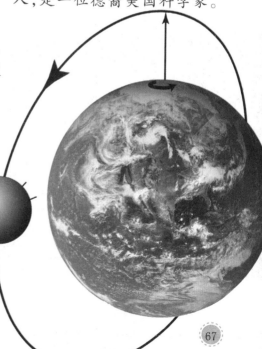

duō chóng xīng xì
多重星系

星系里，有的星系还会"拉帮结队"的，形成了多重星系，是由3到10个有关系的星系组成的集团，很强大呢。目前为止，我们发现的就有三重星系和五重星系两个。我们就来看一下它们有何神通。

sānchóngxīng xì
三重星系

三重星系一个是由银河系跟大麦哲伦云、小麦哲伦云组成的，但它们只是其中的一个呢，还有别的三重星系。

小知识

duō chóng xīng xì shì
多重星系是3到10个有关系的星系组成的"帮派"。

▲ kǒng què zuò sān chóng xīng xì
孔雀座三重星系

shī zi zuò sānchóngxīng xì
狮子座三重星系

M66和它的邻居M65、NGC3628一起组成了最著名的三重星系，狮子座星系，又叫做M66星系群。位于大约3500万光年的距离。

强大的 M66 星系

M66 比它的邻居 M65 要大得多，拥有一个发育良好但却轮廓模糊的中心核球，它的旋臂是扭曲的，可以看到大量尘埃，在其中一条旋臂的末端还能看见一些粉红色星云。

五重星系

仙女座大星云和它的四个伴星云组成了这个五重星系。它的另外一个名字叫做"史蒂芬五重奏"。

▲ 仙女座及其伴星系

史蒂芬五重奏

史蒂芬五重奏是被一个叫爱德华·史蒂芬的人发现的，它们这五个星系很不老实呢，总是相互碰撞，会发出冲击波。

▶ 塞佛特六重星系

xīng xì tuán
星系团

在遥远的银河星系外，有上千亿个星系，但是它们不是孤立地存在与宇宙之中，它们也会成帮结派，聚集起来形成一个集团，这些集团大小不一，在星系、气体和暗物质的吸引下形成"帮派"，这就是星系团。

"富"星系团

在宇宙太空中，有的星系团成员比较多，被称为"富"星系团。它们的成员有上千个。

小知识

星系团是十几个、几十个、乃至上千个星系组成的星系集团。

星系群

星系群成员较少，由不超过100个的星系团组成，有的星系群就是由银河系及仙女座星系等大小不一40个左右的星系组成。

◀ 后发座星系团至少含1000个亮星系

<ruby>分<rt>fēn</rt></ruby><ruby>类<rt>lèi</rt></ruby>

<ruby>星<rt>xīng</rt></ruby><ruby>系<rt>xì</rt></ruby><ruby>团<rt>tuán</rt></ruby><ruby>按<rt>àn</rt></ruby><ruby>形<rt>xíng</rt></ruby><ruby>态<rt>tài</rt></ruby><ruby>可<rt>kě</rt></ruby><ruby>以<rt>yǐ</rt></ruby><ruby>分<rt>fēn</rt></ruby><ruby>为<rt>wéi</rt></ruby><ruby>规<rt>guī</rt></ruby><ruby>则<rt>zé</rt></ruby><ruby>星<rt>xīng</rt></ruby><ruby>系<rt>xì</rt></ruby><ruby>团<rt>tuán</rt></ruby><ruby>和<rt>hé</rt></ruby><ruby>不<rt>bù</rt></ruby><ruby>规<rt>guī</rt></ruby><ruby>则<rt>zé</rt></ruby><ruby>星<rt>xīng</rt></ruby><ruby>系<rt>xì</rt></ruby><ruby>团<rt>tuán</rt></ruby>。<ruby>不<rt>bù</rt></ruby><ruby>规<rt>guī</rt></ruby><ruby>则<rt>zé</rt></ruby><ruby>星<rt>xīng</rt></ruby><ruby>系<rt>xì</rt></ruby><ruby>团<rt>tuán</rt></ruby><ruby>成<rt>chéng</rt></ruby><ruby>员<rt>yuán</rt></ruby><ruby>比<rt>bǐ</rt></ruby><ruby>规<rt>guī</rt></ruby><ruby>则<rt>zé</rt></ruby><ruby>星<rt>xīng</rt></ruby><ruby>系<rt>xì</rt></ruby><ruby>团<rt>tuán</rt></ruby><ruby>的<rt>de</rt></ruby><ruby>成<rt>chéng</rt></ruby><ruby>员<rt>yuán</rt></ruby><ruby>多<rt>duō</rt></ruby>。

▶ <ruby>哈<rt>hā</rt></ruby><ruby>勃<rt>bó</rt></ruby><ruby>太<rt>tài</rt></ruby><ruby>空<rt>kōng</rt></ruby><ruby>望<rt>wàng</rt></ruby><ruby>远<rt>yuǎn</rt></ruby><ruby>镜<rt>jìng</rt></ruby><ruby>拍<rt>pāi</rt></ruby><ruby>摄<rt>shè</rt></ruby><ruby>的<rt>de</rt></ruby><ruby>大<rt>dà</rt></ruby><ruby>熊<rt>xióng</rt></ruby><ruby>座<rt>zuò</rt></ruby><ruby>星<rt>xīng</rt></ruby><ruby>系<rt>xì</rt></ruby><ruby>群<rt>qún</rt></ruby>，<ruby>距<rt>jù</rt></ruby><ruby>离<rt>lí</rt></ruby><ruby>地<rt>dì</rt></ruby><ruby>球<rt>qiú</rt></ruby>100<ruby>多<rt>duō</rt></ruby><ruby>亿<rt>yì</rt></ruby><ruby>光<rt>guāng</rt></ruby><ruby>年<rt>nián</rt></ruby>

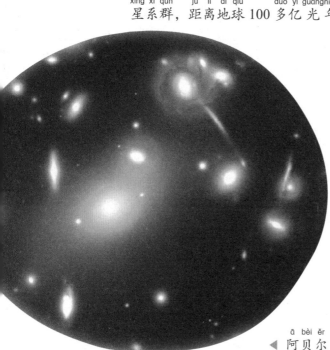

<ruby>规<rt>guī</rt></ruby><ruby>则<rt>zé</rt></ruby><ruby>星<rt>xīng</rt></ruby><ruby>系<rt>xì</rt></ruby><ruby>团<rt>tuán</rt></ruby>

<ruby>又<rt>yòu</rt></ruby><ruby>叫<rt>jiào</rt></ruby><ruby>球<rt>qiú</rt></ruby><ruby>状<rt>zhuàng</rt></ruby><ruby>星<rt>xīng</rt></ruby><ruby>系<rt>xì</rt></ruby><ruby>团<rt>tuán</rt></ruby>，<ruby>它<rt>tā</rt></ruby><ruby>有<rt>yǒu</rt></ruby><ruby>对<rt>duì</rt></ruby><ruby>称<rt>chèn</rt></ruby><ruby>的<rt>de</rt></ruby><ruby>外<rt>wài</rt></ruby><ruby>形<rt>xíng</rt></ruby><ruby>和<rt>hé</rt></ruby><ruby>高<rt>gāo</rt></ruby><ruby>度<rt>dù</rt></ruby><ruby>密<rt>mì</rt></ruby><ruby>集<rt>jí</rt></ruby><ruby>的<rt>de</rt></ruby><ruby>中<rt>zhōng</rt></ruby><ruby>心<rt>xīn</rt></ruby>，<ruby>团<rt>tuán</rt></ruby><ruby>内<rt>nèi</rt></ruby><ruby>有<rt>yǒu</rt></ruby><ruby>几<rt>jǐ</rt></ruby><ruby>千<rt>qiān</rt></ruby><ruby>个<rt>gè</rt></ruby><ruby>成<rt>chéng</rt></ruby><ruby>员<rt>yuán</rt></ruby><ruby>星<rt>xīng</rt></ruby><ruby>系<rt>xì</rt></ruby>，<ruby>都<rt>dōu</rt></ruby><ruby>是<rt>shì</rt></ruby><ruby>椭<rt>tuǒ</rt></ruby><ruby>圆<rt>yuán</rt></ruby><ruby>星<rt>xīng</rt></ruby><ruby>系<rt>xì</rt></ruby><ruby>或<rt>huò</rt></ruby><ruby>透<rt>tòu</rt></ruby><ruby>镜<rt>jìng</rt></ruby><ruby>型<rt>xíng</rt></ruby><ruby>星<rt>xīng</rt></ruby><ruby>系<rt>xì</rt></ruby>。

◀ <ruby>阿<rt>ā</rt></ruby><ruby>贝<rt>bèi</rt></ruby><ruby>尔<rt>ěr</rt></ruby>2218<ruby>星<rt>xīng</rt></ruby><ruby>系<rt>xì</rt></ruby><ruby>团<rt>tuán</rt></ruby>

<ruby>不<rt>bù</rt></ruby><ruby>规<rt>guī</rt></ruby><ruby>则<rt>zé</rt></ruby><ruby>星<rt>xīng</rt></ruby><ruby>系<rt>xì</rt></ruby><ruby>团<rt>tuán</rt></ruby>

<ruby>不<rt>bù</rt></ruby><ruby>规<rt>guī</rt></ruby><ruby>则<rt>zé</rt></ruby><ruby>星<rt>xīng</rt></ruby><ruby>系<rt>xì</rt></ruby><ruby>团<rt>tuán</rt></ruby><ruby>又<rt>yòu</rt></ruby><ruby>叫<rt>jiào</rt></ruby><ruby>疏<rt>shū</rt></ruby><ruby>散<rt>sàn</rt></ruby><ruby>星<rt>xīng</rt></ruby><ruby>系<rt>xì</rt></ruby><ruby>团<rt>tuán</rt></ruby>，<ruby>它<rt>tā</rt></ruby><ruby>们<rt>men</rt></ruby><ruby>结<rt>jié</rt></ruby><ruby>构<rt>gòu</rt></ruby><ruby>松<rt>sōng</rt></ruby><ruby>散<rt>sàn</rt></ruby>，<ruby>没<rt>méi</rt></ruby><ruby>有<rt>yǒu</rt></ruby><ruby>一<rt>yī</rt></ruby><ruby>定<rt>dìng</rt></ruby><ruby>的<rt>de</rt></ruby><ruby>形<rt>xíng</rt></ruby><ruby>状<rt>zhuàng</rt></ruby>，<ruby>没<rt>méi</rt></ruby><ruby>有<rt>yǒu</rt></ruby><ruby>集<rt>jí</rt></ruby><ruby>中<rt>zhōng</rt></ruby><ruby>区<rt>qū</rt></ruby>，<ruby>比<rt>bǐ</rt></ruby><ruby>如<rt>rú</rt></ruby><ruby>武<rt>wǔ</rt></ruby><ruby>仙<rt>xiān</rt></ruby><ruby>星<rt>xīng</rt></ruby><ruby>系<rt>xì</rt></ruby><ruby>团<rt>tuán</rt></ruby>。

恒星家族

星空中,除了少数行星外,都是恒星,它是一个庞大的家族,他们都是自己能够发光的天体。太阳公公就在恒星这个大家族里呢。

héng xīng
恒 星

tā shì yī gè xióngxióng rán shāo de dà huǒ qiú　　zài yǔ zhòuzhōngyǒu hěn duō hěn duō héng xīng
它是一个熊熊燃烧的大火球，在宇宙中有很多很多恒星，

suǒ yǐ gěi tā men qǐ míng zi yě shì jiàn hěn má fan de shì ne　　tā lí wǒ men hěn yuǎn　yào jiè
所以给它们起名字也是件很麻烦的事呢。它离我们很远，要借

zhù yú tiān wénwàngyuǎn jìng cái néng kàn dào tā men de biàn huà
助于天文望远镜才能看到它们的变化。

héngxīng de nián líng
恒星的年龄

duō shùhéngxīng de nián líng zài　　yì zhì　　　yì suì zhī jiān　　mù qián fā xiàn de zuì lǎo héng
多数恒星的年龄在10亿至100亿岁之间，目前发现的最老恒

xīng shì　　　　　　　gū jì de nián líng shì　　yì suì
星是 HE 1532—0901，估计的年龄是132亿岁。

héngxīng de xīngděng
恒星的星等

xīngděng shì lái biǎo shì liàng dù de　héng xīng yuè
星等是来表示亮度的，恒星越

liàng　xīngděngyuè xiǎo　tài yáng de jué duì mù shì xīng
亮，星等越小。太阳的绝对目视星

děng　　　　děng
等 M=+4.83 等。

dà xiǎo
大小

yǐ tài yángbàn jìng lái biǎo shì héngxīng dà xiǎo　　tā
以太阳半径来表示恒星大小，它

men de chǐ cùncóng　　qiān mǐ de zhōng zǐ xīng dào dà yuē
们的尺寸从 20 千米的中子星到大约

bèi tài yáng zhí jìng de chāo dà héngxīng
1000 倍太阳直径的超大恒星。

héngxīng shì hěn duōxīng xì de hé xīn
▶ 恒星是很多星系的核心

恒星的表面温度

一颗暗红色的恒星表面温度为 2500K，亮红色的大约为 3500K，一颗蓝色恒星为 10000K，所以说颜色跟温度有关。

▲ 恒星

分类

恒星根据亮度来分类，Ia 是高亮超巨恒星，Ib 是超巨恒星，II 是高亮巨恒星，III 是巨恒星，IV 是亚巨恒星，V 是主序星或矮星。太阳属于 G2V 类恒星。

▲ 宇宙中的恒星

颜色

恒星有一个颜色范围，从淡红色到淡黄色再到蓝色，跟温度有关，但恒星表面看起来是单一的颜色。

chéngzhǎng de héng xīng
成长的恒星

héng xīng qǐ yuán yú qì tǐ yún   yóu qīng huò hài zǔ chéng   zhòng lì xī yǐn zhe tā   qì tǐ
恒星起源于气体云，由氢或氦组成，重力吸引着它，气体

yún tā suō   zì zhuàn de yuè lái yuè kuài   kào wài de chéng pán zhuàng   nèi bù chéng qiú xíng de yī
云塌缩，自转得越来越快，靠外的呈盘状，内部呈球形的一

tuán   zhè shì héng xīng gāng chū shēng de mú yàng   chēng wéi   xīng pēi   tā zài màn màn   chéng zhǎng
团，这是恒星刚出生的模样，称为"星胚"，它在慢慢"成长"。

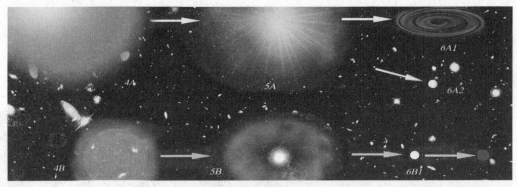

yī kē tǐ jī yòu dà yòu zhòng de héng xīng jiāng biàn chéng yī kē hóng chāo jù xīng   jiē zhe bào fā chéng chāo xīn
▲ 一颗体积又大又重的恒星将变成一颗红超巨星（4A），接着爆发成超新

xīng tú   rán hòu tā de hé xīn biàn chéng bái ǎi xīng   huò zhě biàn chéng hēi dòng   lìng yī
星（图5A），然后，它的核心变成白矮星（6A2）或者变成黑洞（6A1）。另一

kē tǐ jī jiào xiǎo de héng xīng zhèng biàn chéng yī kē hóng jù xīng   tā bǎ wài céng pāo shè chū qù   xíng chéng xíng xīng
颗体积较小的恒星正变成一颗红巨星（4B），它把外层抛射出去，形成行星

zhuàng xīng yún   rán hòu biàn chéng yī kē bái ǎi xīng   zuì hòu jiàn jiàn shī qù guāng liàng   biàn chéng yī kē
状星云（5B），然后变成一颗白矮星（6B1），最后渐渐失去光亮，变成一颗

hēi ǎi xīng
黑矮星（6B2）

zài wěn dìng qī nèi   hé fǎn yìng chǎn shēng de rè néng shǐ qì wēn
在稳定期内，核反应产生的热能使气温

shēng de hěn gāo   qì tǐ yā lì dǐ kàng yǐn lì shǐ yuán héng xīng wěn dìng
升得很高，气体压力抵抗引力使原恒星稳定

xià lái chéng wéi héng xīng héng xīng de yǎn biàn shì cóng zhǔ xù xīng kāi shǐ de
下来成为恒星，恒星的演变是从主序星开始的。

小知识

héng xīng   chéng zhǎng
恒星"成长"

de dì yī jiē duàn jiù shì qīng
的第一阶段就是氢

rán shāo jiē duàn   jiù shì zhǔ
燃烧阶段，就是主

xù jiē duàn
序阶段。

主序星 zhǔ xù xīng

等氢稳定地燃烧成为氦时，恒星就成了主序星，核心氢在燃烧。不同的主序星光度、半径、温度都有不同。

晚年 wǎn nián

当星核区的氢燃完以后，就会"熄火"，恒星会有一个碳核心区氦外壳，走向热死亡。

终局 zhōng jú

小质量的恒星先会膨胀，然后会塌缩，变成白矮星，黑矮星，最终消失，大质量的恒星最终会变成黑洞。

▲ 在聚变区里，轻元素通过合成反应成为元素。

▲ 恒星的一生：(1)分子云中比较浓缩的部分开始瓦解；(2)它逐渐形成一个旋转的圆盘，其中心区域更加浓缩，更为炽热；(3)一颗恒星发热燃烧并释放喷射物质；(4)恒星越来越热，越来越亮；(5)接着，核反应开始，直至死亡。

héng xīng néng liàng de lái yuán
恒星能量的来源

héng xīng wèi shén me huì fā guāng　wèi shén me huì fā rè ne　nà shì yīn wèi tā men bèi hòu
恒星为什么会发光，为什么会发热呢？那是因为它们背后

yǒu jù dà de néng liàng lái zhī chí zhe　héng xīng suǒ yǒu jiē duàn de néng liàng dōu lái yuán yú hé jù biàn
有巨大的能量来支持着，恒星所有阶段的能量都来源于核聚变。

tā de zuò yòng kě bù néng xiǎo shì ne　méi yǒu le tā　yě jiù méi yǒu le héng xīng de cún zài
它的作用可不能小视呢，没有了它，也就没有了恒星的存在。

hé jù biàn
核聚变

zài héng xīng de zhōng xīn　wēn dù hěn gāo　yuán zǐ zhǐ shèng
在恒星的中心，温度很高，原子只剩

xià yuán zǐ hé　yuán zǐ hé gāo sù yùn zhuǎn　kè fú le diàn lì de
下原子核，原子核高速运转，克服了电力的

pái chì tuán jié zài yī qǐ　zhè jiù shì hé jù biàn
排斥团结在一起，这就是核聚变。

小知识

héng xīng néng liàng de
恒星能量的
zuì zhōng yuán quán shì tā de
最终源泉是它的
zhǔ yào wù zhì　　qīng
主要物质——氢。

héng xīng néng liàng de lái yuán
▼ 恒星能量的来源

恒星的"武器"——核能

在反抗引力的斗争中，恒星的主要武器可是核能，它的核心就是一颗大炸弹，在那里不断爆炸，所以恒星才能在数十亿年里保持稳定。

"个性"的核聚变

恒星的核聚变是一串连锁反应，聚变是有顺序的，也不会太快，所以在宇宙中，恒星越小，寿命越长。

▲ 恒星能量——太阳光芒

聚变的结果

质量足够大的会膨胀为超新星，最后大爆炸，内部会压缩为白矮星、中子星或者是黑洞。

héng xīng de jié gòu
恒星的结构

在银河系大家庭中，恒星数量很多，它们自己会发光发热，跟我们的生活息息相关，恒星有很多奥秘等着我们去探索，首先我们就得弄清它们的结构究竟是什么。

héngxīng de zǔ chéng
恒星的组成

恒星都是由气体组成的，是不是感到很奇特啊？而且时时刻刻都在进行着核反应，这样我们才可以看见它们发出的光。

小知识

恒星都是由气体构成的，并且进行着核反应。

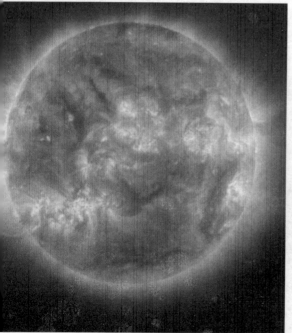

héngxīng de nèi bù shì shén me yàng zi
恒星的内部是什么样子

恒星的内部温度很高，内部结构和它的年龄、质量还有成分有关系，不过恒星内部的温度可以达到几万度的高温。

◀ 我们所处的太阳系的主星太阳就是一颗恒星。

hóng ǎi xīng
红矮星

zhè kē huáng sè　xíngxīng　wēn
这颗黄色F型星，温

dù yuē
度约7500℃

lán jù xīng fēi chángmíngliàng　wēn dù
蓝巨星非常明亮，温度

xiāngdānggāo　shǔ yú　xíngxīng
相当高，属于O型星。

héngxīng de yǎn biàn
恒星的演变

héngxīng hé wǒ men rén lèi yī yàng　　yě huì cóngxiǎobiàn dà　zuì
恒星和我们人类一样，也会从小变大，最

hòushuāi lǎo sǐ wáng héngxīng zuì hòu sǐ wánghòu jiù huì biànchéng hēi dòng
后衰老死亡，恒星最后死亡后就会变成黑洞。

héngxīng de guāng
恒星的光

héngxīng de guāngbìng bù dōu shì bái sè　　hái yǒu de héngxīng fā chū de guāng shì hóng sè hé lán
恒星的光并不都是白色，还有的恒星发出的光是红色和蓝

sè　suǒ yǐ yǔ zhòuzhōng de
色，所以宇宙中的

héngxīng de guāngbìng bù dāndiào
恒星的光并不单调，

ér shì hěn piàoliang de
而是很漂亮的。

kuài sù zì zhuàn de héngxīng
▶ 快速自转的恒星

mó xíng
模型

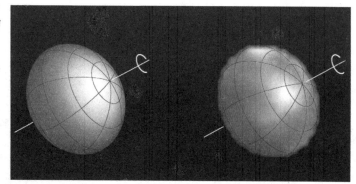

jù xīng hé chāo jù xīng
巨星和超巨星

在恒星家族中，每一个恒星长的可都不一样，有的体积大，有的体积小，有的明，有的暗。在它们中间有两个体积十分庞大的家伙，那就是巨星和超巨星。

巨星

巨星比超巨星小，非常明亮，质量是太阳的10到100倍，所以被取名为巨星。

▼蓝色的超巨星

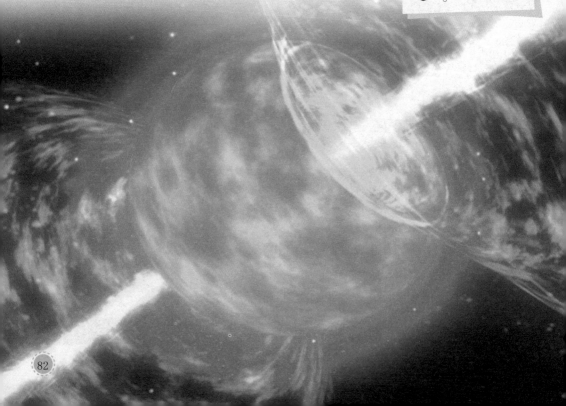

小知识

蓝超巨星体积很大，密度很小，密度只为水的千分之一。

著名的亮巨星
zhùmíng de liàng jù xīng

jù xīng lǐ yě yǒu　　míngxīng　ne　zhùmíng de liàng jù xīng yǒu
巨星里也有"明星"呢，著名的亮巨星有

cān sù sān　jiàn tái èr de liàng zǐ xīng　tiān xiē zuò　xuānyuán jiǔ děng
参宿三、渐台二的亮子星、天蝎座19、轩辕九等。

bái jiàn tóu suǒ zhǐ wéihóngchāo jù xīng xīn sù èr
▲ 白箭头所指为红超巨星心宿二

hóng jù xīng
▲ 红巨星

超巨星
chāo jù xīng

chāo jù xīng shì héngxīng shì jiè de jù rén
超巨星是恒星世界的巨人，

liàng dù zuì qiáng　jué duì mù shì xīngděngwéi
亮度最强，绝对目视星等为−2

xīngděng　　tā　jí zhōngzài yín dàomiàn hé xuán bì
星等，它集中在银道面和旋臂

fù jìn
附近。

蓝超巨星
lán chāo jù xīng

dà bù fen lán chāo jù xīng shì yóu xīng yún shōu
大部分蓝超巨星是由星云收

suō ér chéng de dà zhì liànghéngxīng　xiǎo
缩而成的大质量恒星，小

bù fen de shì shòuhóngchāo jù xīngyǐngxiǎng
部分的是受红超巨星影响

biǎomiànwēn dù shēnggāo xíngchéng de
表面温度升高形成的。

红超巨星
hóngchāo jù xīng

zài héngxīng de qīng hé xīn rán shāo
在恒星的氢核心燃烧

shí　tā de wài bù huì péngzhàng de　bǐ
时，它的外部会膨胀得比

hóng jù xīng hái dà　　jiù xíngchéng le hóngchāo jù xīng
红巨星还大，就形成了红超巨星。

tā shì yǔ zhòuzhōng zuì dà de héngxīng　wēn dù hěn dī
它是宇宙中最大的恒星，温度很低。

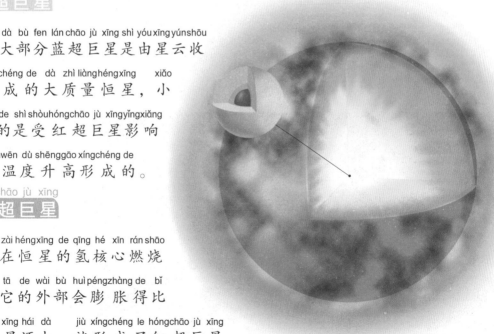

hóng jù xīng nèi bù
▲ 红巨星内部

超新星

chāo xīn xīng

在恒星的世界里，每个恒星都有自己的归宿，一颗大质量的恒星"暴死"之后会成为超新星。但是它们在天空中的数量不是太多，就几百颗左右。能用肉眼看到的只有6颗。

起因

恒星从中心开始冷却，结构上失去平衡就会使形体向中间坍缩，造成外部冷却而红色的层面变热，接着层面发生剧烈的爆炸产生超新星。

小知识

超新星是罕见的天象，但科学家每年都能观测到几十颗超新星。

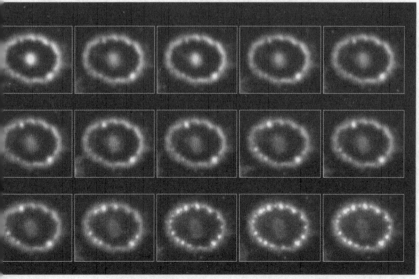

◀ 从 1994 年—2003 年所拍摄的超新星SN1987A。这组照片说明，爆炸产生的震波，不断地冲击已形成的环状物质，刚形成中心的超新星遗骸持续地扩张。

内核坍缩
nèi hé tān suō

超新星内核的坍缩速度能达到每秒
chāo xīn xīng nèi hé de tān suō sù dù néng dá dào měimiǎo

七万千米，坍塌后会剩下一颗中子星。
qī wànqiān mǐ，tān tā hòu huì shèng xià yī kē zhōng zǐ xīng

最终内核会坍缩成一个直径约 30 千米
zuì zhōngnèi hé huì tān suōchéng yī gè zhí jìng yuē qiān mǐ

的球体。
de qiú tǐ

▲ 超新星 SN 1987A 遗迹
chāo xīn xīng yí jì

I 型超新星
xíngchāo xīn xīng

Ia 超新星缺乏氢和氦，Ib 超新星没有氢吸收线，有氦吸收线，
chāo xīn xīng quē fá qīng hé hài chāo xīn xīngméi yǒu qīng xī shōuxiàn yǒu hài xī shōuxiàn

Ic 超新星没有氢、氦、硅吸收线。
chāo xīn xīngméi yǒu qīng hài guī xī shōuxiàn

II 型超新星
xíngchāo xīn xīng

II—P 超新星在光度曲线上有一个"高原区"，II—P 超新星在
chāo xīn xīng zài guāng dù qū xiànshangyǒu yī gè gāoyuán qū chāo xīn xīng zài

光度曲线上呈"线性"的衰减。
guāng dù qū xiànshangchéng xiàn xìng de shuāijiǎn

▶ 在超新星爆发
zài chāo xīn xīng bào fā

以后，被抛射出去的
yǐ hòu bèi pāo shè chū qù de

物质在恒星核周围
wù zhì zài héngxīng hé zhōu wéi

形成一个明亮的
xíng chéng yī gè míng liàng de

光环，再加上以前
guānghuán zài jiā shàng yǐ qián

就有的两个光环，
jiù yǒu de liǎng gè guānghuán

这个恒星核一共被
zhè ge héngxīng hé yī gòng bèi

三个光圈包围着，
sān gè guāngquān bāo wéi zhe

十分壮丽。
shí fēn zhuàng lì

bái ǎi xīng
白矮星

在恒星家族中，有这么一种恒星，它的颜色呈白色、体积比较小，光度低、密度高、温度高，在红巨星的中心形成。它就是白矮星，是一种晚期的恒星。体积跟地球相当，质量却和太阳差不多。

"诞生"

白矮星又叫并矮星，是恒星到了晚年的时候，抛射出大量物质，等物质损失完后剩下一个核，这个核就会演化为白矮星。

◀ 白矮星的气体盘周围布满了尘埃

小知识

经过数千亿年之后，白矮星会冷却到无法发光，成为黑矮星。

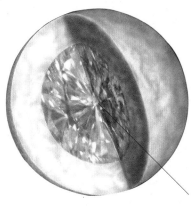

密度 mì dù

别看它个子小，质量大，密度也很大呢，密度在1000万吨/立方米左右。所以人在白矮星上根本就别想站起来。

白矮星星核的结构类似地球上的钻石

数量 shù liàng

人们发现的有1000多颗白矮星，占全部恒星的百分之十。其中天狼星的伴星是最亮的白矮星。

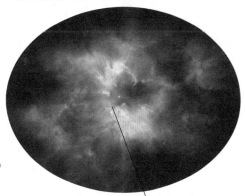

星云中部有一颗白矮星。

螺旋 luó xuán

在J0806的双星系统里，有两个比较亲密的白矮星，它们的螺旋凑得越近，周期会变得越短。最终这两个"好朋友"会合并在一起，要么成为中子星，要么成为大的白矮星。

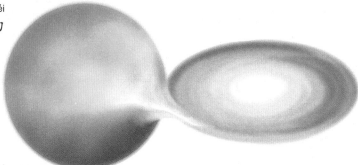

▲ 从上图中可以看到白矮星增长的情况，白矮星吸附的物质在它周围形成吸积盘，这些物质来自于它的伴星——红巨星。

zhōng zǐ xīng
中子星

rú guǒ nǐ wèi bái ǎi xīng de jù dà mì dù ér jīng tàn bù yǐ de huà　zhè lǐ hái yǒu ràng
如果你为白矮星的巨大密度而惊叹不已的话，这里还有让

nǐ gèng jīng yà de ne　tā jiù shì zhōng zǐ xīng　yòu jiào bō shà　mì dù bǐ dì qiú shang de rèn
你更惊讶的呢，它就是中子星，又叫波霎，密度比地球上的任

hé wù zhì mì dù dōu dà　shì héng xīng shòumìngzhōng jié shí de xíng shì zhī yī
何物质密度都大，是恒星寿命终结时的形式之一。

mì dù
密度

zhōng zǐ xīng de mì dù hěn dà　měi lì
中子星的密度很大，每立

fāng lí mǐ de zhì liàngwéi yī yì dūn　shì chú hēi
方厘米的质量为一亿吨，是除黑

dòng yǐ wài mì dù zuì dà de xīng tǐ
洞以外密度最大的星体。

小知识

mài chōng xīng dōu shì
脉冲星都是

zhōng zǐ xīng　dàn zhōng zǐ
中子星，但中子

xīng bù yī dìng shì mài chōng
星不一定是脉冲

xīng
星。

zhōng zǐ xīngnéngchǎnshēng jí qiáng de cí chǎng
▲ 中子星能产生极强的磁场

zhì liàng
质量

zhōng zǐ xīng de zhì liàng jí dà　yī gè zhōng zǐ huà de huǒ chái hé dà xiǎo de wù zhì　xū yào
中子星的质量极大，一个中子化的火柴盒大小的物质，需要

gè huǒ chē tóu cái néng lā dòng
96000个火车头才能拉动。

zhōng zǐ xīng zài xuánzhuǎn shí fā chū qiáng liè de shè diàn xìn hào
▲ 中子星在旋转时发出强烈的射电信号

zhōng zǐ xīng dōu xiǎo de chū qí
中子星都小得出奇，

xiǎo xiǎo zhōng zǐ xīng de yāo wéi zhǐ
小小中子星的"腰围"只

yǒu duō qiān mǐ kě shì jiù shì zhè
有30多千米。可是就是这

me kē xiǎo gè zi héngxīng què yǒu hěn
么颗小个子恒星，却有很

duō jīng rén de wù lǐ tiáo jiàn
多惊人的物理条件。

tā de wēn dù yě gāo de jīng rén biǎomiànwēn dù kě yǐ dá dào
它的温度也高得惊人，表面温度可以达到

wàn dù zhōng xīn wēn dù hái yào gāo chū shù bǎi wàn bèi
1000万度，中心温度还要高出数百万倍。

zhōng zǐ nèi hé wù zhì zhuàng tài wèi zhī
中子内核物质 状 态未知

zhōng zǐ xīng hái huì jìn yī bù yǎn huà dāng tā de
中子星还会进一步演化，当它的

jiǎo dòngliàngxiāo hào wán yǐ hòu huì biànchéng bù fā guāng de
角动量消耗完以后会变成不发光的

hēi ǎi xīng
黑矮星。

zhōng zǐ xīng yǒu jí qiáng de cí chǎng tā shì zhōng
中子星有极强的磁场，它是中

zǐ xīng yán zhe cí chǎngfāngxiàng fā shè shùzhuàng wú xiàndiàn
子星沿着磁场方向发射束状无线电

zhōng zǐ xīng
中子星

▲ 中子星

bō zhè xiē diàn bō huì xiàng yī zuòxuánzhuǎn de dēng tǎ nà yàng yī cì cì sǎo guò dì qiú xíngchéng
波，这些电波会像一座旋转的灯塔那样一次次扫过地球，形成

shè diàn màichōng rén menchēngzhèyàng de tiān tǐ wéi màichōngxīng
射电脉冲。人们称这样的天体为"脉冲星"。

cí xīng
磁星

zài zhōng zǐ xīng zhōng yǒu yī gè shén qí de chéngyuán tā men yōng yǒu hěn qiáng de cí chǎng zài
在中子星中有一个神奇的成员，它们拥有很强的磁场，在

shuāibiàn de guòchéng zhōng yuányuán bù duàn de shì fàng chū gāo néngliàng diàn cí fú shè yǐ shè xiàn jí
衰变的过程中源源不断地释放出高能量电磁辐射，以X射线及

gā mǎ shè xiàn wéi zhǔ tā men jiù shì cí xīng dà bù fen shì xīng
伽马射线为主，它们就是"磁星"。大部分是Ap星。

xíngchéng
形成

dāng yī kē dà héngxīng jīng guò chāo xīn xīng bào zhà hòu tā huì
当一颗大恒星经过超新星爆炸后，它会

tān suōchéng yī kē zhōng zǐ xīng cí chǎng yě huì zēngqiáng zhè xiē
坍缩成一颗中子星，磁场也会增强，这些

qiáng cí chǎng de zhōng zǐ xīng jiù bèi chēng wéi le cí xīng
强磁场的中子星就被称为了"磁星"。

小知识

cí xīng jù yǒu hěn
磁星具有很
qiáng de cí chǎng dàn tā de
强的磁场，但它的
shòumìng yě shì hěn duǎn de
寿命也是很短的。

yì shù jiā bǐ xià de cí xīng
▲ 艺术家笔下的磁星

yǐ zhī de cí xīng
已知的磁星

mù qián wéi zhǐ wǒ men zhī dào de
目前为止我们知道的

cí xīng yǒu   wèi
磁星有：SGR 1806—20，位

yú rén mǎ zuò   jù lí dì qiú
于人马座，距离地球50000

guāngnián   wèi
光年；1E 1048.1—5937，位

yú chuán dǐ zuò   jù lí dì qiú
于船底座，距离地球9000

guāngnián
光年。

短寿命
duǎnshòumìng

一颗磁星在张力产生期间，会发
yī kē cí xīng zài zhāng lì chǎnshēng qī jiān huì fā

生"星震"并释放出强大能量，"星
shēng xīngzhèn bìng shì fàng chū qiáng dà néngliàng xīng

震"属于一种瞬间的大型破坏，所以
zhèn shǔ yú yī zhǒngshùnjiān de dà xíng pò huài suǒ yǐ

磁星的寿命很短暂。
cí xīng de shòumìnghěnduǎnzàn

脉冲星的磁场示意图
màichōngxīng de cí chǎng shì yì tú

磁星的影响
cí xīng de yǐngxiǎng

在距离磁星1000千米的范围内，它
zài jù lí cí xīng qiān mǐ de fàn wéi nèi tā

的强大磁场能把组织细胞撕碎，
de qiáng dà cí chǎngnéng bǎ zǔ zhī xì bāo sī suì

置人于死地，很可怕呢。
zhì rén yú sǐ dì hěn kě pà ne

▶ 美国物理学家认为磁星来自放射物的剧
měi guó wù lǐ xué jiā rèn wéi cí xīng lái zì fàng shè wù de jù

烈爆炸
liè bào zhà

事件
shì jiàn

三万光年外磁星爆发出耀眼光环，好像太空中的烟火。不
sān wànguāngnián wài cí xīng bào fā chū yào yǎnguānghuán hǎoxiàng tài kōngzhōng de yān huǒ bù

管是对于天文学家
guǎn shì duì yú tiān wén xué jiā

还是中子星都是极
hái shì zhōng zǐ xīng dōu shì jí

少见的一个事件。
shǎojiàn de yī gè shì jiàn

▶ 磁星的磁场非常
cí xīng de cí chǎng fēi cháng

强大
qiáng dà

hēi dòng
黑洞

在天空中有一个天体，任何物质一旦掉下去就再也逃不出来，它吸力极强连光都飞不出去，它就是"贪吃鬼"——黑洞，是宇宙的无底洞。我们没有办法直接观测到它。

▲ 黑洞

产生

恒星内部的氢原子发生聚变，生成新的元素——氦，接着是铍、硼、碳、氮等元素的形成，直到铁元素形成，从而引起恒星坍塌最终形成"黑洞"。

小知识

黑洞会吞噬恒星，每隔一亿年吞噬一颗恒星。

巨型黑洞

▶ 黑洞

宇宙中大部分星系中心都隐藏着一个超大的黑洞，它们的质量不一样，从100万个太阳质量到100亿个太阳质量都有。

▲ 黑洞

吸积

xī jī

黑洞聚拢周围的气体产生辐射，这个过程称为吸积。但是黑洞不是什么都吸，它也往外散发质子。

蒸发

zhēng fā

在黑洞的边界，粒子仍然会出去，黑洞会被慢慢"蒸发"掉，所以说黑洞也有灭亡的一天。

▶ 多么神秘的黑洞呀！

特殊

tè shū

与其他天体相比，黑洞有"隐身术"，利用弯曲的空间把自己隐藏起来，我们无法直接观测到它。

跳舞黑洞

tiào wǔ hēi dòng

在天空中。有的黑洞会跳"华尔兹"，那是它们要合并在一起呢。

旋转黑洞

xuán zhuǎn hēi dòng

旋转黑洞又叫克尔黑洞，它有两个视界和两个无限红移面，而这四个面是不重合的。

biàn xīng
变星

zài yè kōngzhōng yǒu shí hou wǒ men huì fā xiàn yǒu xiē tiáo pí de tiān tǐ hū míng hū àn de
在夜空中，有时候我们会发现有些调皮的天体忽明忽暗地

gēn wǒ men zhuō mí cáng tā men jiù shì biàn xīng tā men de liàng dù huì biàn huà biàn huà kě yǐ
跟我们捉迷藏，它们就是变星，它们的亮度会变化，变化可以

shì zhōu qī de bàn guī zé de huò zhě shì wán quán bù guī zé de
是周期的，半规则的或者是完全不规则的。

fēn lèi
分类

biànxīng kě yǐ fēn wéi shí biànxīng màidòngxīng hé bào fā xīng sān dà lèi qí zhōng bào fā xīng
变星可以分为食变星、脉动星和爆发星三大类，其中爆发星

bāo kuò xīn xīng hé chāo xīn xīngliǎng lèi
包括新星和超新星两类。

mǐ lā xīngpéngzhàng de shí hou huì xiàng tài kōngzhōngpēn fā dà liàng de wù zhì
▲ 米拉星膨胀的时候会向太空中喷发大量的物质

shí biànxīng
食变星

shí biànxīng shì shuāngxīng xì tǒngzhōng de yī gè zǐ xīng yǔ tā de bàn xīngnénggòuxiāng hù zhē
食变星是双星系统中的一个子星，与它的伴星能够相互遮

dǎng gè zì de guāngmáng shuāngxīng dà líng wǔ shì zuì jù dài biǎoxīng de shí biànxīng
挡各自的光芒，双星大陵五是最具代表性的食变星。

大陵五
dà líng wǔ

大陵五也叫英仙座β，它是
dà líng wǔ yě jiào yīng xiān zuò tā shì

最早发现的食双星，最亮时视
zuì zǎo fā xiàn de shí shuāngxīng zuì liàng shí shì

星等为2.13等，最暗时为3.40等。
xīngděng wèi děng zuì àn shí wéi děng

▲ 英仙星座的大陵五星是一颗几何变
yīngxiānxīng zuò de dà líng wǔ xīng shì yī kē jǐ hé biàn

星，光变在300多年前已经被发现。
xīng guāngbiàn zài duōniánqián yǐ jīng bèi fā xiàn

脉动星
màidòngxīng

脉动星是由脉动引起亮度变化的
màidòngxīng shì yóu màidòng yǐn qǐ liàng dù biàn huà de

恒星，在变星中脉动星占了一半以
héng xīng zài biàn xīng zhōng màidòngxīng zhàn le yī bàn yǐ

上，银河系中约有200万个脉动星。
shàng yín hé xì zhōngyuē yǒu wàn gè màidòngxīng

新星
xīn xīng

新星的亮度在短时间内突然剧增，
xīn xīng de liàng dù zài duǎn shí jiān nèi tū rán jù zēng

几天之内可以增加几万倍，然后缓慢
jǐ tiān zhī nèi kě yǐ zēng jiā jǐ wàn bèi rán hòuhuǎnmàn

减弱，变暗的速度就很慢了。
jiǎn ruò biàn àn de sù dù jiù hěn màn le

▲ 变星像魔术师一样改变
biàn xīng xiàng mó shù shī yī yàng gǎi biàn

形状！
xíngzhuàng

T型变星
xíng biànxīng

金牛座T型变星是一种不规则的
jīn niú zuò xíngbiànxīng shì yī zhǒng bù guī zé de

变星，光谱型为G—M型，典型星是
biànxīng guāng pǔ xíng wèi xíng diǎnxíngxīng shì

金牛座T，在银河系中有100万个。
jīn niú zuò zài yín hé xì zhōngyǒu wàn gè

▲ 磁变星一般是磁场很
cí biànxīng yī bān shì cí chǎng hěn

强且有变化的恒星
qiáng qiě yǒu biàn huà de héng xīng

xīng yún
星云

dāng tí dào yǔ zhòukōng jiān shí　　rén menwǎngwǎng huì xiǎng dào nà lǐ shì yī wú suǒ yǒu　　hēi
当提到宇宙空间时，人们往往会想到那里是一无所有、黑

àn jì jìng de zhēnkōng　　zhè bù shì wán quán duì de　　zài nà lǐ yě cún zài zhe gè zhǒng wù zhì
暗寂静的真空，这不是完全对的，在那里也存在着各种物质，

qí zhōng jiù yǒu xīng yún　　xīng yún bāo hán le chú qù xíng xīng hé huì xīng zhī wài de suǒ yǒu yán zhǎn xìng
其中就有星云。星云包含了除去行星和彗星之外的所有延展性

tiān tǐ　　shì yóu yǔ zhòuzhōng de chén āi jí qì tǐ xíngchéng de
天体，是由宇宙中的尘埃及气体形成的。

星云的分类

xīng yún kě yǐ fēn wéi sì lèi　　fā
星云可以分为四类：发

shè xīng yún　　fǎn shè xīng yún　　àn hēi xīng
射星云、反射星云、暗黑星

yún hé xíng xīngzhuàngxīng yún
云和行星状星云。

sān liè xīng yún shì yī gè mí mànxīng yún　　tā
◀ 三裂星云是一个弥漫星云，它

yě shì xīn héngxīngdàn shēng de dì fang
也是新恒星诞生的地方。

发射星云

tā shì shòudào fù jìn chì rè guāngliàng de héngxīng jī fā ér fā
它是受到附近炽热光量的恒星激发而发

guāng de　　chénghóng sè　　zài tiānkōngzhōngyǒu hěn duō wǒ men shú xī
光的，呈红色。在天空中有很多我们熟悉

de fā shè xīng yún　　rú　　liè hù zuò dà xīng yún
的发射星云，如M42猎户座大星云。

小知识

mí mànxīng yún hěn piào
弥漫星云很漂

liang yóu rú tiān kōngzhōng de
亮，犹如天空中的

yún cai bāo hán le xǔ duō
云彩，包含了许多

xīng jì wù zhì
星际物质。

反射星云
fǎn shè xīng yún

fǎn shè xīng yún shì kào fǎn shè fù jìn héngxīng de
反射星云是靠反射附近恒星的

guāngxiàn ér fā guāng de chéng lán sè tā de guāng
光线而发光的，呈蓝色，它的光

dù jiào àn ruò
度较暗弱。

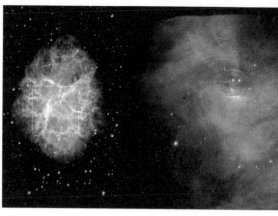

行星状星云
xíng xīngzhuàngxīng yún

xíng xīngzhuàngxīng yún shì héngxīngwǎn nián de chǎn wù tā de yàng
行星状星云是恒星晚年的产物，它的样

zi xiàng tǔ de yānquān zhōng xīn shì kōng de wǎngwǎngyǒu yī kē hěn
子像吐的烟圈，中心是空的，往往有一颗很

liàng de héngxīng bǐ jiào zhùmíng de yǒu bǎo píng zuò ěr lún zhuàngxīng yún
亮的恒星。比较著名的有宝瓶座耳轮状星云

hé tiān qín zuòhuánzhuàngxīng yún
和天琴座环状星云。

liè hù zuò zhù míng de mǎ
▶ 猎户座著名的马
tóu xīng yún jiù shǔ yú àn xīng yún
头星云就属于暗星云

暗黑星云
àn hēi xīng yún

àn hēi xīng yún běnshēn bù huì fā guāng yě méi yǒuhéngxīng bāo hán qí zhōng zhùmíng de yǒu méi
暗黑星云本身不会发光，也没有恒星包含其中。著名的有煤

dài xīng yún hé mǎ tóu xīng yún
袋星云和马头星云。

星云和恒星的转化
xīng yún hé héngxīng de zhuǎnhuà

héngxīng yǔ xīng yún zài yī dìngtiáo jiàn xià shì kě
恒星与星云在一定条件下是可

yǐ zhuǎnhuà de héngxīngxíngchéng yǐ hòu pāo shè dà
以转化的。恒星形成以后抛射大

liàng wù zhì dào xīng jì kōngjiān chéngwèi xīng yún de yī
量物质到星际空间，成为星云的一

bù fen yuán cái liào
部分原材料。

méi gui xīng yún
◀ 玫瑰星云

māo yǎn xīng yún
猫眼星云

星云的形态是千姿百态的，非常有趣，有的就像猫眼一样，很漂亮。猫眼星云是一个行星状星云，位于天龙座，它的结构是所有星云当中最为复杂的一个。有绳状、喷柱、弧形等各种形状的结构。

亮度

猫眼星云的视星等为+8.1，拥有高表面光度，在天气好的情况下在黄极点附近就能找到它。

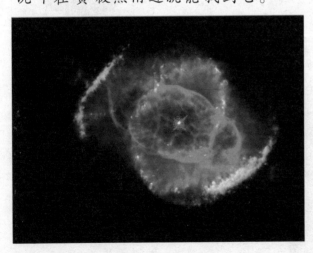

▶ 猫眼星云距离我们 3000 光年，是一颗正在走向死亡的恒星向外抛射出的气体壳层造成的。

小知识

星云中央有一颗O型恒星，温度非常高，高达80000K。

与地球的距离

猫眼星云一直在膨胀，与地球的距离大约为1000秒差。

物质构成

猫眼星云的物质主要是氢和氦，并拥有少量重元素。

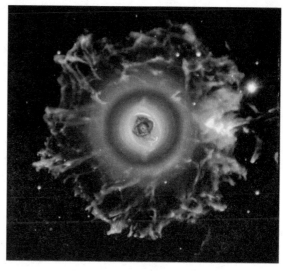

▶ 猫眼星云的这张美丽的假色影像里，形状对称且引人注目的星云位于中央。图像经过处理，以呈现出星云奇特而昏暗且范围超过3光年的气晕。

星云运动及形态

星云的光亮部分主要是中央恒星释放出的恒星风和星云射出的物质碰撞形成的，碰撞产生了X射线。

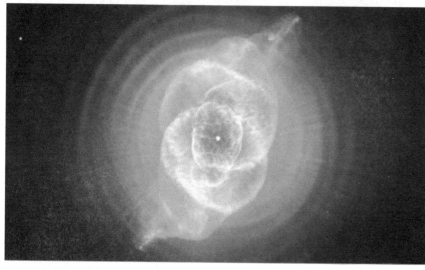

◀ 猫眼星云是典型的行星状星云

星云年龄

猫眼星云最早于1000年前出现，年龄也不算很大呢。

蝴蝶星云
hú dié xīng yún

在星云的王国里，有这样一种星云，它的形状像两个炽热的翅膀中央被一道黑暗尘埃带隔开，像一只美丽的大蝴蝶，所以它又有一个形象而通俗的名字：蝴蝶星云。

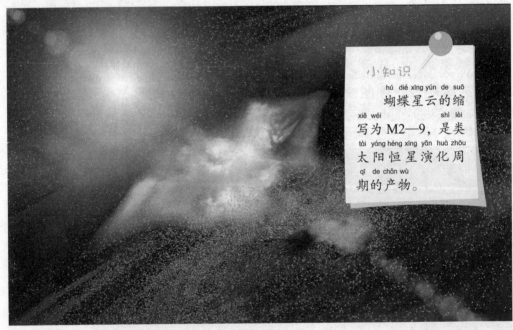

小知识

蝴蝶星云的缩写为 M2—9，是类太阳恒星演化周期的产物。

▲ 蝴蝶星云

蝴蝶星云的别名

蝴蝶星云有好几种叫法呢，双喷流星云、蝶形星云、蝶翼星云都是它的别名。

形成 xíngchéng

这个星云因为高速的恒星风吹进了盘面快速膨胀，产生了垂直于盘面的细致沙漏型翼，这些翼的投影呈现出蝴蝶翅膀的形象。

▶ 蝴蝶星云有一对像翅膀的结构并且惊人地对称

距离 jùlí

这颗恒星距离我们银河系大约有3800光年，离地球2100光年。整个蝴蝶星云宽度有2光年的距离。

▶ 很多蝴蝶星云在宇宙中都长着一对美丽的翅膀。

蝴蝶星云中正在死亡的恒星

在蝴蝶星云的中央有一颗恒星，它原来是一颗红巨星，由于蝴蝶星云的不断喷溅，只剩下它的核心部分，现在已接近生命的终点。

▶ 蝴蝶星云

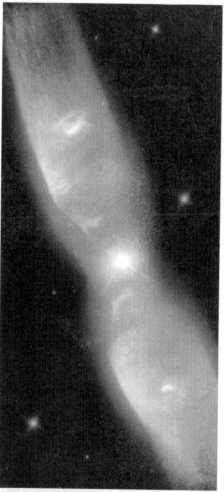
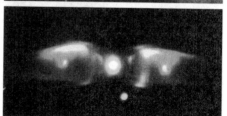

猎户座大星云
liè hù zuò dà xīng yún

用肉眼看来，猎户座中构成"宝剑"的有三颗星，中间一颗是模糊的亮斑，它不是单颗星，而是一个星云，这就是M42，也就是猎户座大星云。猎户座大星云是位于猎户座的发射和反射星云。

位置
wèi zhi

猎户座大星云位于雄霸冬季北半球的猎户座中，在银河系其中的一条旋臂上——猎户臂上。

▶ 通过红外线拍摄到的猎户座星云

小知识

猎户座大星云是天空中正在产生新恒星的一个巨大气体尘埃云。

天体组成
tiān tǐ zǔ chéng

猎户座星云是一个非常年轻的天体，那里不但有许多年轻的恒星，而且还有许多星前天体。

猎户座星云星团

猎户座星云是猎户星协的核心，在星云附近有一个银河星团，称为猎户座星云星团，著名的"猎户座四边形"聚星就位于星云之中。

▲ 庞大的猎户座大星云

覆盖范围

猎户座星云离地球约1500光年，几乎覆盖了猎户座勾画出来的整个天空区域的一个巨分子云的一部分。

家庭成员

在猎户座星云大家庭里充斥着灼热气体和星际尘埃，是恒星的诞生地。

▶ 庞大的猎户座大星云

103

shuāng xīng
双 星

在天空中的星体，它们有的是很好的朋友，常常两两成双的在一起互相环绕运行，这样的两颗星称为双星。其中较亮的一颗称为主星，较暗的一颗称为伴星。主星和伴星亮度有的相差不大，有的相差很大。

奇异的双星

双星的颜色五彩缤纷，子星双双争艳。主星质量有比伴星大的，也有比伴星小的。子星有的是脉动变星，有的是爆发变星，有的是白矮星，甚至是黑洞。

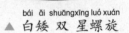

▲ 白矮双星螺旋

小知识

有的密近双星物质流动时会发出 X 射线，称为 X 射线双星。

◄ 艺术家笔下的双星想象图

密近双星

在双星系统中，两个子星相距很近，每个子星的演化受另一个子星的较大影响，

膨胀的黄色恒星丢失了质量

气体不断地从较大、较冷的恒星中拖到较小、较热的恒星中。

从伴星攫取的气流

这样的双星系统称为密近双星。著名的渐台二，是一个密近双星。

目视双星

目视双星相互绕转的轨道半径比较长，绕转周期也比较长。一般都是超过5.7年。

▲ 当一个双星系统的两颗恒星质量差别过大的时候，质量小的恒星就会围绕着质量大的恒星运动。

食双星

又叫食变星，双星在相互绕转时，会发生类似日食的现象，使它们的亮度周期性的变化。食双星一般都是分光双星。

◀ 在银河系中，双星的数量非常多，估计不少于单星。

xīng tuán
星 团

在恒星家族里，它们会成帮结派的，星团就是一个例子，它是由十个以上的恒星组成的、被各成员星之间的引力束缚在一起的恒星群。人多力量就大，星团空间的密度就显著高于周围的星场。

▲ NGC 290 位于邻近的小麦哲伦星系内，这个疏散星团有数百颗成员星。

shū sàn xīngtuán
疏散星团

这个星团由十几颗到几千颗恒星组成，它们结构松散，形状不规则，主要分布在银道面。

小知识

疏散星团很年轻，常常与星云在一起，有时还会形成恒星。

áng sù xīngtuán
昂宿星团

sú chēng qī zǐ mèi xīngtuán ér qiě qià qiǎo
俗称"七姊妹"星团，而且恰巧

zài běi dǒu qī xīng de fù jìn yǒu rén chēng zhī wéi wēi xíng
在北斗七星的附近，有人称之为微型

běi dǒu qī xīng tā men shì shǔ yú liàng ér niánqīng de shū
北斗七星，它们是属于亮而年轻的疏

sàn xīngtuán mǎo sù xīngtuányōngyǒuchāoguò sān qiān kē chéng
散星团。昂宿星团拥有超过三千颗成

yuánxīng wèi yú jīn niú zuò jiānbǎng de wèi zhi
员星，位于金牛座肩膀的位置。

áng sù xīngtuán
▲ 昂宿星团

qiú zhuàngxīngtuán
球状星团

tā zhěng tǐ xiàngyuánxíng shì yóushàngwàn kē dào jǐ shí wàn kē
它整体像圆形，是由上万颗到几十万颗

héngxīng zǔ chéng zhōngxīn mì jí de xīngtuán yín hé xì zhōng dà yuē
恒星组成，中心密集的星团。银河系中大约

yǒu gè qiú zhuàngxīngtuán
有500个球状星团。

qiú zhuàngxīngtuán shì yóu shù shí wàn kē héngxīng jù jí chéng qiú xíng de xīngtuán
▶ 球状星团是由数十万颗恒星聚集成球形的星团

qiú zhuàngxīngtuán
球状星团 M2

tā shì yī gè hěn yào yǎn de xīngtuán wèi yú yín hé
它是一个很耀眼的星团，位于银河

nán jí xià fāng de bǎo píng zuò tā chéngxiàn wéi yī gè yuánxíng
南极下方的宝瓶座。它呈现为一个圆形

de xīng yúnzhuàng de guāng míngliàng bù tòu míng
的星云状的光，明亮不透明。

qiú zhuàngxīng yún
球状星云 M3

tā shì wèi yú liè quǎnzuò de qiú zhuàngxīngtuán shì yóu
它是位于猎犬座的球状星团，是由

duōwàn kē bǐ tài yáng hái yào lǎo de héngxīng zǔ chéng de qiú tǐ
50多万颗比太阳还要老的恒星组成的球体。

xīngtuánchéngyuánhǎo duō a
▲ 星团成员好多啊!

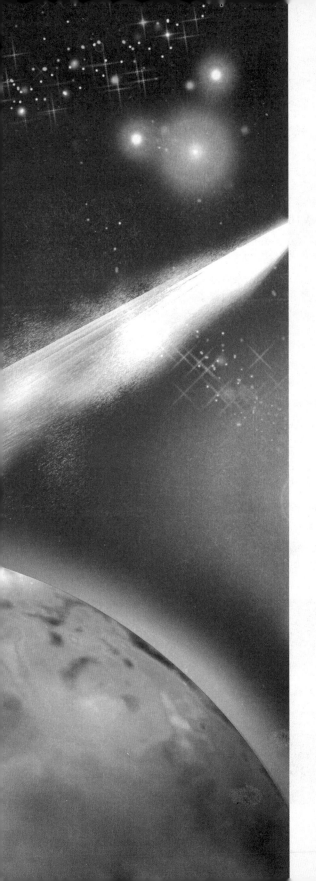

太阳系家园

太阳系是以太阳为中心，和所有受到太阳引力约束的天体的集合。在这个大家庭里有8颗行星，（冥王星已被开除了行星的"星籍"），至少有165颗已知的卫星和数以亿计的太阳系小天体。

měi lì de tài yáng xì
美丽的太阳系

太阳系是个大家庭，成员很多，有蒙着面纱的金星、爱漂亮的土星、蓝色的海王星、烟花般的流星、没有水的水星等，它们很热闹，组成了这个美丽的大家园。

gòuchéng
构 成

太阳系的中心——太阳，还有行星与它们的卫星、行星环，行星间的尘埃、气体和粒子等星际物质，共同构成了太阳系。太阳系中的各个天体主要由氢、氦、氖等气体，冰以及含有铁、硅、镁等元素的岩石构成。

小知识

míng wáng xīng bèi shì
冥王星被视
wéi tài yáng xì de ài xíng
为太阳系的"矮行
xíng bù zài bèi shì wéi xíng
星"，不再被视为行
xíng
星。

lèi dì xíngxing
类地行星

yùndòng
运动

tài yáng xì de bā dà xíng xīng wèi yú tóng yī gè píngmiàn de jìn yuán guǐ dàoshàngyùn xíng cháotóng
太阳系的八大行星位于同一个平面的近圆轨道上运行，朝同

yī gè fāngxiàng rào tài yánggōngzhuàn huì xīng de rào rì gōngzhuànfāngxiàng dà dōuxiāngtóng duō wèi tuǒ
一个方向绕太阳公转。彗星的绕日公转方向大都相同，多为椭

yuánxíng guǐ dào
圆形轨道，

gōngzhuànzhōu qī
公转周期

bǐ jiàocháng
比较长。

▼ tài yáng xì lǐ miàn de xíngxīng
太阳系里面的行星

lèi dì xíng xīng
类地行星

chéngyuánbāo kuò shuǐxīng jīn xīng dì qiú
成员包括水星、金星、地球、

huǒ xīng tā shì gè xiǎo ér mì de yán shí shì jiè jù yǒu xī
火星。它是个小而密的岩石世界，具有稀

shǎo de dà qì zhōng xīn yǒu jīn shǔ hé xīn biǎomiànyǒu hěn duōkēngdòng
少的大气。中心有金属核心，表面有很多坑洞。

jù xíng xīng
巨行星

chéng yuán yǒu mù xīng tǔ xīng tiān wáng xīng hǎi wáng
成员有木星、土星、天王星、海王

xīng shì yī gè tǐ jī dà zhì liàng
星。是一个体积大、质量

dà mì dù xiǎo de qì tǐ shì jiè zhōng xīn
大、密度小的气体世界。中心

yǒu yán shí hé xīn biǎomiànyǒuxuán wō zhuàng de yúncéng
有岩石核心，表面有旋涡状的云层。

tài yáng
太阳

měi dāng kàn dào tài yáng de xiào liǎn　dōu huì bù yóu de ràng rén xīn qíng yú kuài　tā gěi le wǒ
每当看到太阳的笑脸，都会不由地让人心情愉快。它给了我

menguāng hé rè　yǔ wǒ men de shēng huó xī xī xiāngguān　tài yáng shì tài yáng xì de mǔ xīng　yě shì
们光和热，与我们的生活息息相关。太阳是太阳系的母星，也是

tài yáng xì lǐ wéi yī yī gè huì fā guāng de héngxīng　dà jiā duì tài yáng de liáo jiě yòu yǒu duō shǎo ne
太阳系里唯一一个会发光的恒星。大家对太阳的了解又有多少呢？

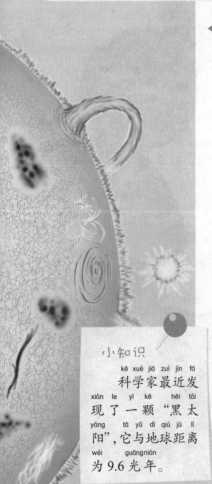

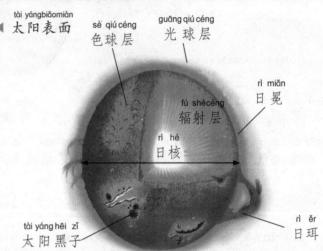

◀ tài yángbiǎomiàn
太阳表面

sè qiú céng
色球层

guāng qiú céng
光球层

rì miǎn
日冕

fú shècéng
辐射层

rì hé
日核

tài yáng hēi zǐ
太阳黑子

rì ěr
日珥

▲ tài yáng nèi bù jié gòu shì yì tú
太阳内部结构示意图

jié gòu zǔ chéng
结构组成

zài tài yángzhōng　qīngzhàn bǎi fēn zhī qī shí yī　hài
在太阳中，氢占百分之七十一，氦

zhàn bǎi fēn zhī èr shí qī　qí tā yuán sù zhàn bǎi fēn zhī èr
占百分之二十七，其他元素占百分之二。

tài yángcóngzhōng xīn xiàngwài kě fēn wèi hé fǎn yìng qū　fú shè
太阳从中心向外可分为核反应区、辐射

qū　duì liú céng hé dà qì céng
区、对流层和大气层。

小知识

kē xué jiā zuì jìn fā
科学家最近发

xiàn le yī kē　hēi tài
现了一颗"黑太

yáng　tā yǔ dì qiú jù lí
阳"，它与地球距离

wéi　guāngnián
为9.6光年。

运行轨道
yùn xíng guǐ dào

tài yáng wèi yú liè hù zuò xuán bì shang　　yī fāngmiàn rào zhe yín xīn xuánzhuǎn　zhōu qī wéi
太阳位于猎户座旋臂上，一方面绕着银心旋转，周期为 2.5

yì nián　　lìng yī fāngmiàncháozhe zhī nǚ xīng fù jìn fāngxiàngyùndòng　tóng shí tài yáng yě zài zì zhuàn
亿年；另一方面朝着织女星附近方向运动，同时太阳也在自转。

太阳核心
tài yáng hé xīn

tài yáng hé xīn shì yóu tài yángzhōng xīn diǎn dào　　　tài yángbàn
太阳核心是由太阳中心点到 0.2 太阳半

jìng de qu yù　　ta shì tài yáng xì nèi wen dù zuì gāo de chǎngsuǒ
径的区域，它是太阳系内温度最高的场所。

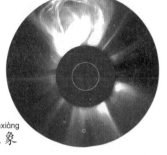

rì miǎn wù zhì pāo shè kě yǐ shuō shì tài yáng xì zhōng zuì měng liè de bào fā xiànxiàng
▶ 日冕物质抛射可以说是太阳系中最猛烈的爆发现象

太阳活动
tài yánghuódòng

tài yáng wú shí wú kè bù zài
太阳无时无刻不在

jìn xíng zhe jù liè de yùn dòng　　yǒu
进行着剧烈地运动，有

tài yáng hēi zǐ　　tài yáng yào bān hé
太阳黑子、太阳耀斑和

guāngbān
光斑。

tài yáng hēi zǐ jiù shì tài yáng biǎomiàn
▶ 太阳黑子就是太阳表面

de hēi bān
的黑斑

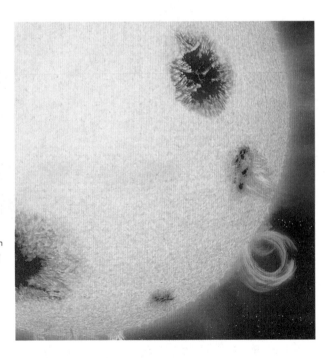

太阳黑子
tài yáng hēi zǐ

tài yáng hēi zǐ shì tài yángbiǎomiànchì rè qì tǐ de jù dà xuán wō　　kànshàng qù xiàngshēn àn sè
太阳黑子是太阳表面炽热气体的巨大漩涡，看上去像深暗色

de bān diǎn　　wēn dù wéi　　　　shè shì dù　tā menchángcháng shì chéngqún chū xiàn
的斑点，温度为 4500 摄氏度。它们常常是成群出现。

shuǐ xīng
水星

一听到水星，大家是不是就会想它是一颗充满了水的星体？其实，它并不是一颗有水的星球。在古代它被称为辰星，是太阳系中的类地行星。密度较高，由石质和铁质构成。

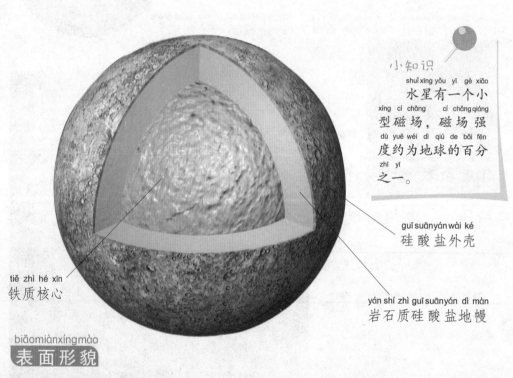

小知识

水星有一个小型磁场，磁场强度约为地球的百分之一。

硅酸盐外壳 (guī suān yán wài ké)

铁质核心 (tiě zhì hé xīn)

岩石质硅酸盐地幔 (yán shí zhì guī suān yán dì màn)

表面形貌 (biǎomiànxíngmào)

水星表面很像月球，受到撞击之后到处坑坑洼洼，形成盆地，周围由山脉围绕。在它的演变过程中还会形成褶皱、山脊和裂缝相互交错。

水星温度

水星表面平均温度为452K，变化范围从90到700K，是温差最大的行星。

水星表面

地质构造

水星是由地壳、结皮、核心构成的，它的外壳是由硅酸盐构成的，核心是一个铁质内核。

大气环境

水星只有微量的大气，主要成分为氦、汽化钠和氧。在白天气温非常高，平均地表温度为179摄氏度，所以水星上不可能存在水。

水星之最

在太阳系的八大行星里，水星获得了几个"最"的记录：离太阳最近，轨道速度最快，公转周期最短，表面温差最大，卫星最少，水星"年"时间最短，"日"时间最长，最小的行星。

水星凌日

jīn xīng
金星

zài bā dà xíng xīngzhōng　　jīn xīng shì zuì ài hài xiū de　　tā zǒng shì méngzhe miàn shā　　lí
在八大行星中，金星是最爱害羞的，它总是蒙着面纱，离

dì qiú zuì jìn　　yè kōngzhōngliàng dù jǐn cì yú yuè qiú　　zǒng shì zài rì chū qián huò shì rì luò hòu
地球最近。夜空中亮度仅次于月球，总是在日出前或是日落后

cái néng dá dào zuì dà liàng dù　　zài lí míngqián chū xiàn zài dōngfāng tiān kōng　　bèi chēngwèi　　qǐ míngxīng
才能达到最大亮度。在黎明前出现在东方天空，被称为"启明星"。

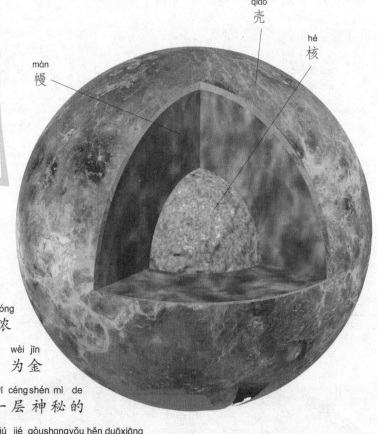

qiào
壳

hé
核

màn
幔

小知识

zài jīn xīng shang yǒu
在金星上有

wàn gè xiǎo xíng dùn zhuàng
10 万个小型盾状

de huǒshān　　tā men fēn bù
的火山，它们分布

líng sǎn
零散。

běn lái miàn mù
本来面目

jīn xīngzhōu wéi yǒunóng
金星周围有浓

mì de dà qì hé yúncéng　　wèi jīn
密的大气和云层，为金

xīngbiǎomiàn zhào shàng le yī céngshén mì de
星表面罩上了一层神秘的

miànshā　　jīn xīng gēn dì qiú jié gòushangyǒu hěn duōxiāng
面纱。金星跟地球结构上有很多相

sì zhī chù　　rào tài yánggōngzhuàn de guǐ dào shì yī gè jiē jìn zhèngyuán de tuǒ yuánxíng
似之处，绕太阳公转的轨道是一个接近正圆的椭圆形。

地形地貌

在金星表面的大平原上有两个大陆状高地，北边的高地叫伊师塔地，南边的是阿芙罗狄蒂地。

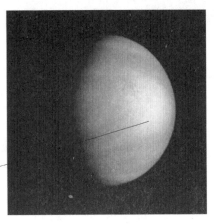

金星上的云

大气环境

金星的天空是橙色的。大气主要由二氧化碳组成，并含有少量的氮。大气压强非常大，是地球的90倍。

地质结构

金星的内部结构和地球相似，有一个铁—镍核，中间是由硅、氧、铁、镁组成的"幔"，外面一层主要是由硅化合物组成的很薄的"壳"。

▲ 金星

金星运转

金星自转方向跟其他行星相反，是自东向西。所以在金星上看太阳是西升东落。

▼ 金星上的大山

rì shí
日食

在古老的传说中，太阳会被"吃掉"，它会变得很暗甚至消失掉。太阳不会被吃掉，这种现象是"日食"，又叫日蚀。是月球运行到太阳与地球之间时，挡住了太阳的光线，使太阳看起来一部分或全部消失掉了。

日食种类

日食有三种：日偏食、日环食和日全食。

▼ 日食

小知识
在日全食的时候，我们就会在正南方天空观测到猎户座大星云。

产生现象
chǎnshēngxiànxiàng

fā shēng rì quán shí shí guāngxiànchuānguò shù yè de féng xì
发生日全食时光线穿过树叶的缝隙

tóu yǐng chū xīn yuè de yǐng zǐ　dòng wù chángchángzhǔn bèi shuì jiào
投影出新月的影子，动物常常准备睡觉，

wēn dù huì xià jiàng　shè shì dù yǐ shàng　zài dì píng xiànzhōuwéi
温度会下降20摄氏度以上，在地平线周围

yǒu yī gè zhǎi de guāng dài
有一个窄的光带。

rì huán shí
▲ 日环食

日食食相
rì shí shí xiàng

rì quán shí fā shēng shí　yǒu wǔ zhǒng shí xiàng
日全食发生时，有五种食相：

chū kuī　shí jì　shí shèn　shēngguāng hé fù yuán
初亏、食既、食甚、生光和复圆；

ér rì piān shí fā shēng shí zhǐ yǒu chū kuī　shí shèn hé
而日偏食发生时只有初亏、食甚和

fù yuán　gè guòchéng
复圆3个过程。

rì shí
▲ 日食

tài yáng
太阳

běnyǐng
本影

rì shí
日食

dì qiú
地球

yuè qiú
月球

bànyǐng
半影

rì quán shí shì yì tú
▲ 日全食示意图

日全食时各天体情况
rì quán shí shí gè tiān tǐ qíngkuàng

tǔ xīng zài tài yángdōngmiàn　jiē jìn dì miàn　jīn xīng　huǒ xīng zài tài yáng xī bian　zài dì
土星在太阳东面，接近地面；金星、火星在太阳西边，在地

miànkàn lái zài xī fāng tiānkōng　shuǐ xīng yě chū xiàn zài tài yángdōngbian　fēi chángmíngxiǎn　tiān láng
面看来在西方天空；水星也出现在太阳东边，非常明显；天狼

xīng zài nán fāng tiānkōng
星在南方天空。

huǒ xīng
火星

在太阳系的家庭里，有一个脾气很火爆的家伙，它就是火星。火星是太阳系第七大行星，属于类地行星，直径是地球的一半，在西方称为战神玛尔斯，中国称为"荧惑"，有一个橘红色外表。

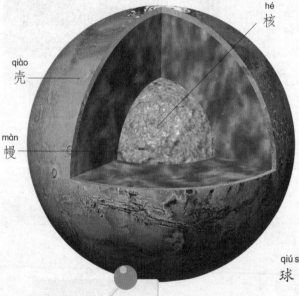

核

壳

幔

大气环境

火星的大气密度只有地球的百分之一，非常干燥，温度低，平均温度零下55摄氏度，水跟二氧化碳容易结冰，部分地球生物可以生存。

小知识

在火星上有明显的四季变化，但季节持续时间比地球的长。

火星上的尘埃

大气结构
dà qì jié gòu

火星大气分为低层大气、中层大气、高层大气和逸散层。

地质结构
dì zhì jié gòu

火星中心有以铁为主要成份的核，外层是包含一层酸盐地函，表面为含有岩石的地壳。

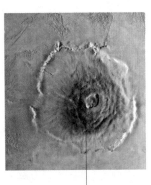

▲ 火星探测器
huǒ xīng tàn cè qì

地形地貌
dì xíng dì mào

火星和地球一样有多样的地形，有高山、平原和峡谷。南北半球地形有着强烈对比：北方是平原，南方是古老高地，两者之间被一段斜坡分隔。

奥林匹斯火山
ào lín pǐ sī huǒshān

到地球的距离
dào dì qiú de jù lí

火星到地球的距离最近为5500万千米，最远为4亿公里。两者之间的近距离接触大约15年出现一次。

121

火星的奇景
huǒ xīng de qí jǐng

火星的脾气很暴躁，呈橘红色，在夜空中看起来是血红色的，它是特别的，在它的家里也有很多奇特的景象不容易被我们知道，现在我们就去看一下它到底有哪些奇景。

壮观的地形——奥林匹斯山脉

奥林匹斯山脉在地表的高度有22千米，是太阳系中最大的山脉。它的基座直径超过500千米，由一座高6千米的悬崖环绕。

◀ 2003 年 8 月 27 日，哈勃望远镜拍摄的火星图片。

小知识

在火星的低度压强下，水无法以液态存在，大多成为了冰。

尘卷风
chénjuǎnfēng

在火星上尘卷风就像迷你形
zài huǒ xīng shang chénjuǎnfēng jiù xiàng mí nǐ xíng

龙卷风，当地表被加热时，上方
lóng juǎn fēng dāng dì biǎo bèi jiā rè shí shàng fāng

空气上升、旋转，挟带砂石在地
kōng qì shàngshēng xuánzhuǎn xié dài shā shí zài dì

表游走，留下深色轨迹。
biǎo yóu zǒu liú xià shēn sè guǐ jì

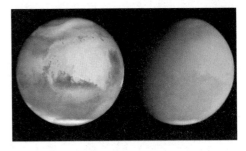

▲ 2001 年 6 月 26 日至 9 月 4 日，
nián yuè rì zhì yuè rì

拍摄到的火星上的沙尘暴比较图。
pāi shè dào de huǒxīngshang de shāchénbào bǐ jiào tú

火星合月
huǒ xīng hé yuè

火星合月就是火星与月亮在天赤道的一个点上，在地球上看
huǒ xīng hé yuè jiù shì huǒ xīng yǔ yuèliang zài tiān chì dào de yī gè diǎnshang zài dì qiú shangkàn

就像弯弯的月亮镶在红色的火星上，非常美丽。
jiù xiàngwānwān de yuèliangxiāng zài hóng sè de huǒxīngshang fēi chángměi lì

火星极冠
huǒ xīng jí guān

它们是火星两极地区的白色
tā men shì huǒ xīngliǎng jí dì qū de bái sè

覆盖物，随着火星的季节变化，
fù gài wù suí zhe huǒ xīng de jì jié biàn huà

它们在冬天扩大夏天缩小。
tā men zài dōngtiān kuò dà xià tiān suō xiǎo

▶ 火星和它的两颗卫星
huǒxīng hé tā de liǎng kē wèi xīng

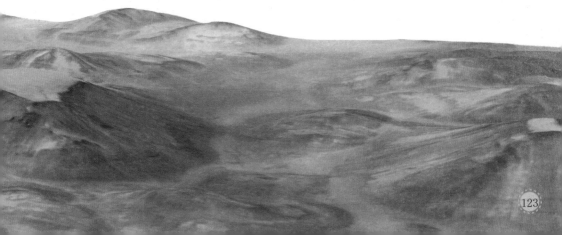

mù xīng
木星

在天空中只有一个太阳，可是太阳也会有消亡的一天，没有了太阳我们就没有了光和热，没办法生存。不用担心，在科学家的努力下发现了未来的第二个太阳，那就是木星。

▲
木星

dì xíng wài guān
地形外观

木星表面有红、褐、白等五彩缤纷的条纹图案，最大特点就是南半球的大红斑，呈圆形旋涡状。

小知识

在夜空中木星也是很亮的，它被称为是"候补的太阳"。

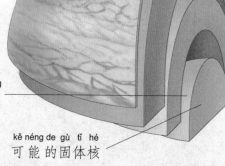

dà qì céng
大气层

yè tài qīng hé yǎng
液态氢和氧

jīn shǔ tài qīng
金属态氢

kě néng de gù tǐ hé
可能的固体核

释放的能量

木星正在向宇宙释放巨大能量，内部存在热源，释放能量的来源一般来自于它本身。一旦发生热核反应，它就充当了释放核能的"发射器"。

大红斑

在木星上有一个红斑，它是位于赤道南侧，长达2万多千米、宽约1万千米的红色卵形区域。它时速可达400千米。

▲ 木星大红斑

石质的内核

木星有一个石质的内核，以液态氢的形式存在，使它成了木星磁场的电子指挥者与根源，温度高达20000K。

木星光环

木星光环比较暗，形状像个薄圆盘，由许多岩石材料组成，又小又微弱。光环分为内环和外环，内环较暗，外环较亮。

▲ 木星的环

木星的卫星

木星有62颗已知的卫星，它们都由宙斯一生中所接触过的人来命名。木卫一、木卫二、木卫三、木卫四是由伽利略发现的，称为伽利略卫星。除了这四个，其余的卫星半径多是大石头。

木卫的分类

木卫分为三群：最靠近木星的一群、离木星稍远的一群和离木星最远的一群。其中最靠近木星的一群属于规则卫星。

小知识

离木星较远的一群卫星是逆行的，其余的都是顺行。

◀ 伽利略发现的四个卫星

木卫一

木卫一是16颗卫星中最著名的一颗，离木星很近，平均距离为42万千米。它的体积不是很大，呈球状，表面光滑而干燥，有平原、山脉和大峡谷。

木卫二
_{mù wèi èr}

木卫二体积比较小，密度和月球差不多，表面光滑被大量的冰覆盖着，像是一个冰与奶油巧克力混合而成的大球体。

▲ 木卫一

▲ 木卫二

木卫三
_{mù wèi sān}

木卫三是木星最大的一颗卫星，它的体积比水星大，表面呈黄色，有几处错开的断层、线状地形、相互平行的山脊与深沟。

◀ 木卫三

▶ 木卫四

木卫四
_{mù wèi sì}

木卫四表面布满了密密麻麻的陨石坑，有一个像牛眼似的白色核心，外面被一层圆环包围着，类似同心圆盆地。

木卫五
_{mù wèi wǔ}

木卫五形状呈卵状，为浅灰色，上有一个长130千米、宽200—220千米的微红区域。木星光环正位于木卫五的轨道里。

tǔ xīng
土星

zài tài yáng xì zhōng yǒu yī gè tè bié ài chòu měi de xíng xīng dà jiā cāi cāi tā shì shuí
在太阳系中，有一个特别爱臭美的行星，大家猜猜它是谁？

duì le tā jiù shì tǔ xīng tè bié ài piào liang yǒu yī gè míng xiǎn de guānghuánhuán rào zhe tā
对了，它就是土星，特别爱漂亮，有一个明显的光环环绕着它。

tā yǔ mù xīng tiān wáng xīng hé hǎi wáng xīng tóng shǔ qì tǐ jù xīng zài gǔ dài chēng wéi zhèn xīng huò
它与木星、天王星和海王星同属气体巨星。在古代称为镇星或

tián xīng
填星。

měi lì de guānghuán
美丽的光环

wài mào
外貌

tā yǔ lín jū mù xīng shí fēn xiāng
它与邻居木星十分相

xiàng biǎomiàn shì qīng hé hài de hǎi yáng
像，表面是氢和氦的海洋，

shàngmiàn fù gài zhe hòu hòu de yúncéng
上面覆盖着厚厚的云层。

tǔ xīng de guānghuán zuì rě rén zhù mù
土星的光环最惹人注目，

tā shǐ tǔ xīng kànshàng qù xiàng dài zhe yī
它使土星看上去像戴着一

dǐngpiàoliang de dà cǎo mào
顶漂亮的大草帽。

小知识

tǔ xīng de tǐ jī hěn
土星的体积很

páng dà mì dù hěn xiǎo
庞大，密度很小，

shì bǐ shuǐ hái qīng de yī kē
是比水还轻的一颗

xíng xīng
行星。

tǔ xīngguānghuán
土星光环

tǔ xīngguānghuánwèi yú tǔ xīng de chì dàomiànshang
土星光环位于土星的赤道面上，

yóu suì bīngkuài yán shí kuài chén āi kē lì děng wù
由碎冰块、岩石块、尘埃、颗粒等物

zhì zǔ chéng tā zài yángguāngzhàoshè xià xiǎn dé sè cǎi bān
质组成，它在阳光照射下显得色彩斑

lán shì jiā lì lüè zuì zǎo fā xiàn de
斓，是伽利略最早发现的。

土星

结构构成

它有一个岩石构成的核心，核的外围是冰层和金属氢组成的壳层，再往外就是以氢、氦为主的大气。

1月28日

1月26日

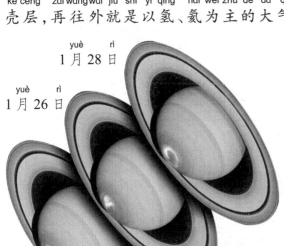

1月24日

土星的密度比水小

大气环境

土星大气以氢、氦为主，并含有甲烷和其他气体，大气中漂浮着由稠密的氨晶体组成的云。

▲ 哈勃望远镜2004年1月拍摄的土星极光。

著名的白斑

土星有时候会出现白斑，著名的白斑是1933年发现的，它出现在赤道区，呈蛋形，之后就不断扩大，几乎蔓延整个土星表面。

▲ 土星

tǔ xīng wèi xīng
土星卫星

土星是太阳系中卫星最多的一颗行星，在它的周围有许许多多的卫星紧紧围绕着它旋转，就像一个小家族。土星卫星的形态各种各样，五花八门。下面我们就来一一细数一下几个主要的卫星。

◀ 惠更斯号探测土卫六

土卫六

▲ 土卫六也叫"泰坦"星，它的大气并不是地球上的空气，而是氮气。

土卫六是最大的一颗卫星，半径超过了水星，又被命名为"泰坦"——希腊神话中的女巨神，它拥有浓密的大气，主要成分是氮，大气层厚度约2700千米，是太阳系第二大卫星。

土卫一 tǔ wèi yī

它是土星卫星中最小且最靠近土星的一颗卫星，直径392千米，轨道接近圆形，公转周期为23小时。

土卫二 tǔ wèi èr

它是土星的第三颗大卫星，地质结构复杂，密度是最低的，以圆形轨道环绕土星公转。

▲ 艺术家笔下从土卫八上看土星的景象图。

土卫三 tǔ wèi sān

它的主要成分是纯水冰，直径为1060千米。有一条很长的大裂缝和一个环形山及内部巨大的中央峰。

▲ 土星与它的卫星（前面最大的是土卫三）

土卫四 tǔ wèi sì

土卫四的直径为1120千米，在圆轨道上绕土星顺行，它表面的亮度差别很大，面朝轨道的运行方向的前半面比后半面亮。

▲ 土卫四 tǔ wèi sì

tiān wáng xīng
天王星

tiān wáng xīng shì yī gè hěn lǎn duò de xíng xīng tā tǎng zhe rào tài yáng yùn xíng
天王星是一个很"懒惰"的行星，它"躺"着绕太阳运行，

yě yǒu rén bǎ tā chēng zuò yī gè diān dǎo de xíng xīng shì jiè tā shì tài yáng xì dì sān dà
也有人把它称作"一个颠倒的行星世界"。它是太阳系第三大

xíng xīng tǐ jī bǐ hǎi wáng xīng dà zhì liàng què bǐ qí xiǎo
行星，体积比海王星大，质量却比其小。

yán sè
颜色

tiān wáng xīng shì chéng lán sè de shì yīn wèi tā de wài céng dà qì céng zhōng de jiǎ wán xī shōu
天王星是呈蓝色的，是因为它的外层大气层中的甲烷吸收

le hóng guāng de jié guǒ tā yě yǒu xiàng mù xīng nà yàng de cǎi dài dàn bèi jiǎ wán céng fù gài zhù le
了红光的结果，它也有像木星那样的彩带，但被甲烷层覆盖住了。

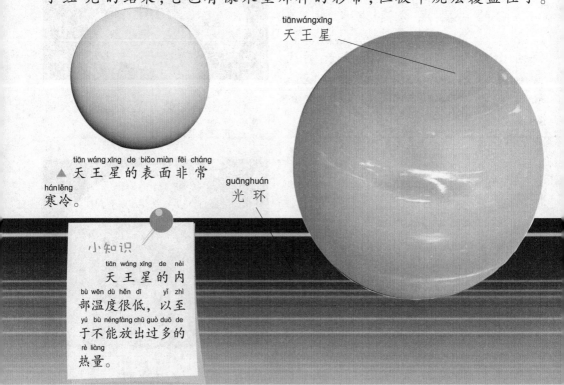

tiān wáng xīng
天王星

tiān wáng xīng de biǎo miàn fēi cháng
▲ 天王星的表面非常
hán lěng
寒冷。

guānghuán
光环

小知识

tiān wáng xīng de nèi
天王星的内
bù wēn dù hěn dī yǐ zhì
部温度很低，以至
yú bù néng fàng chū guò duō de
于不能放出过多的
rè liàng
热量。

组成

天王星基本上是由岩石和各种各样的冰组成的，仅含15%的氢和一些氦；它的大气层含有83%的氢，15%的氦和2%的甲烷。

天王星上的海洋

天王星上有一个液态海洋，深度达10000千米、温度达6650摄氏度，由水、镁、含氮分子、碳氢化合物及离子化物质组成。

▲ 天王星的大气层中83%是氢，15%是氦，2%是甲烷及少量乙炔和碳氢化合物。

行星环

天王星有一个暗淡的行星环系统，由黑暗粒状物组成。已知的天王星环有13个圆环。

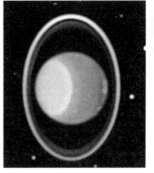

▲ 天王星的光环

▲ 躺着的天王星

磁场

它的磁场不在行星的中心，磁极从行星的中心偏离往南极达到行星半径的三分之一，磁层是不对称的，两极的磁场强度大约是相等的。

hǎi wáng xīng
海王星

zài tài yáng xì zhōng yǒu yī kē piào liang de xíng xīng　yuǎn yuǎn wàng qù jiù xiàng gè　lán jīng líng
在太阳系中有一颗漂亮的行星，远远望去就像个"蓝精灵"

yī yàng　tā jiù shì hǎi wáng xīng　wài guān chéng lán sè　tā shì jù lí tài yáng zuì yuǎn de yī kē
一样，它就是海王星，外观呈蓝色。它是距离太阳最远的一颗

xíng xīng　tǐ jī shì tài yáng xì dì sì dà　zhì liàng pái míng dì sān
行星，体积是太阳系第四大，质量排名第三。

qiào
壳

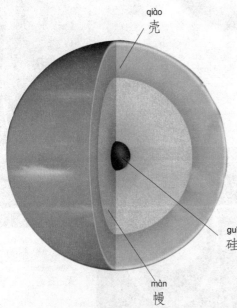

mán
幔

guī suān yán zhì de yán shí hé
硅酸盐质的岩石核

jié gòu
结构

hǎi wáng xīng dà qì céng　　shì qīng qì
海王星大气层85%是氢气，13%

shì hài qì　　shì jiǎ wán　hái yǒu shǎo liàng de ān
是氦气，2%是甲烷，还有少量的氨

qì　xíng xīng hé shì yóu yán shí hé bīng gòu chéng de hùn
气；行星核是由岩石和冰构成的混

hé tǐ　dì màn fù hán shuǐ　ān　jiǎ wán
合体；地幔富含水、氨、甲烷。

dà hēi bān
大黑斑

dà hēi bān de wèi zhi
大黑斑的位置

hǎi wáng xīng de dà hēi bān wèi yú xíng xīng de nán bàn qiú
海王星的大黑斑位于行星的南半球，

zài nán wěi　dù　shì yī gè dàn xíng xuán wō　měi　xiǎo
在南纬22度，是一个蛋形旋涡，每18.3小

shí rào hǎi wáng xīng yī quān
时绕海王星一圈。

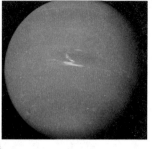

行星环

这颗蓝色行星有着暗淡的天蓝色圆环,光环数有5条。

卫星

海王星有13颗已知的天然卫星,只有海卫一质量足够大能成为球体,海卫一运行轨道是逆行的。海卫二的形状是不规则的。

▶ 海王星是太阳系中风力最强的一个行星。

▲ 目前天文学家确认海王星有5条光环,里面的3条比较模糊,外面的2条比较明亮,比里面的环更完整。

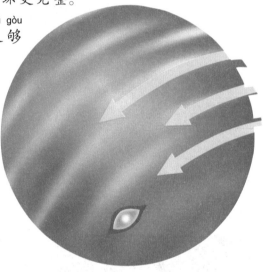

风暴

海王星的风暴是太阳系类木行星中最强的,在海王星上太阳能过于微弱,一旦开始刮风,就能保持极高的速度。

海王星冲日

海王星运行到与黄经轨道呈180度角时,就出现了海王星冲日,冲日期间,太阳落山,海王星从东方地平线升起,直到第二天太阳升起后从西方落下。

míng wáng xīng
冥 王 星

míngwángxīng de mìng yùn hěn kǎn kě　tā shì yī gè bèi　jiàng jí　de xíng xīng　céng jīng
冥王星的命运很坎坷，它是一个被"降级"的行星，曾经

shì tài yáng xì jiǔ dà xíng xīng zhī yī　xiàn zài bèi jiàng jí wéi le ǎi xíng xīng　jù lí tài yáng zuì
是太阳系九大行星之一，现在被降级为了矮行星。距离太阳最

yuǎn　biǎo miàn wēn dù zài　shè shì dù yǐ xià　biǎo miàn yǒu yī céng gù tài jiǎ wán bīng
远，表面温度在−220摄氏度以下，表面有一层固态甲烷冰。

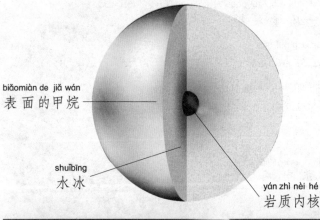

biǎomiàn de jiǎ wán
表面的甲烷

shuǐbīng
水冰

yán zhì nèi hé
岩质内核

小知识

míngwángxīng hěn　shén
冥王星很"神

mì　dào mù qián hái bù néng
秘"，到目前还不能

bèi kē xué jiā kàn dào tā de
被科学家看到它的

quánmào
全貌。

dú tè zhī chù
独特之处

míngwángxīng de chì
冥王星的赤

dào miàn yǔ guǐ dào miàn jī
道面与轨道面几

hū chéng zhí jiǎo　guǐ dào
乎成直角；轨道

yǒu shí hou shí fēn fǎn cháng
有时候十分反常，

huì bǐ hǎi wáng xīng lí tài
会比海王星离太

yánggèng jìn
阳更近。

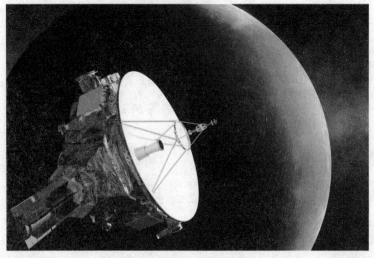

xīn dì píngxiàn hào zài míngwángxīngshang
▲ 新地平线号在冥王星上

未知数最多的"行星"

冥王星从被发现到现在只有60多年，再加上又小又远，是目前面目最模糊的一颗，它的星体温度、直径等好多都是未知的。

▲ 2006年3月的冥王星

卫星系统

目前冥王星有4颗已知卫星：冥卫一、冥卫二、冥卫三、冥卫四。其中冥卫一是这四颗卫星中最大的。

▲ 冥王星的卫星是由美国海军天文台的克里斯蒂在1978年7月研究冥王星的照片时偶然发现的

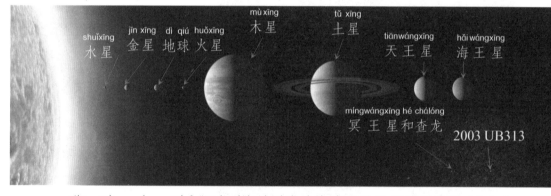

水星　金星　地球　火星　木星　土星　天王星　海王星

冥王星和查龙

2003 UB313

▲ 2006年8月24日，国际天文学联合会在捷克首都布拉格召开的会议上宣布将冥王星"降"为矮行星。

列为矮行星

2006年8月24日，冥王星经布拉格会议讨论，从九大行星行列中排除，正式降格为矮行星。

huì xīng
彗星

在太阳系家园里，有一个可爱调皮的小成员，它老爱拖着长长的尾巴划过夜幕，它就是彗星，也被称为"扫把星"，由星际间的物质，冰冻和尘埃物组成，在扁长轨道上运行的小天体。

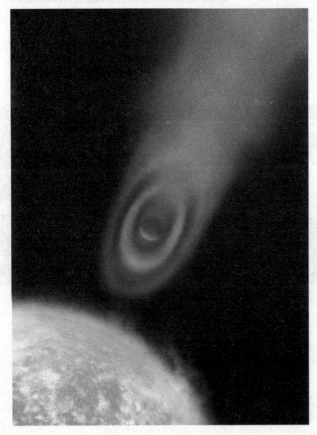

▲ 彗尾
huì wěi

小知识

彗星本身是不会发光的，它靠反射太阳光而发亮。

运行轨道
yùn xíng guǐ dào

彗星的轨道有椭圆、抛物线、双曲线三种。椭圆轨道运行的彗星叫"周期彗星"，不按椭圆形轨道运行的彗星只是太阳系的过客，又叫非周期彗星。

彗星的结构

彗星物质主要由水、氨、甲烷、氰、氮、二氧化碳等组成，彗核则由凝结成冰的水、二氧化碳、氨和尘埃微粒混杂组成，是个"脏雪球"。

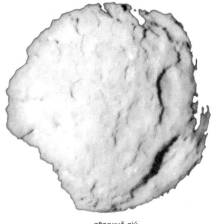

▲ "脏雪球"

运行方向

大多数彗星在天空中都是由西向东运行，也有例外，哈雷彗星就从东向西运行。

在太阳附近时彗尾最长。

当彗星驶向太阳时，彗尾逐渐变长。

▲ 其实彗星本来并没有尾巴，只是当彗星接近太阳时，彗发变大，并在太阳风的压力下，彗发中的气体和微尘被推向后方。

哈雷彗星的组成

它是由水、氨、氮、甲烷、一氧化碳、二氧化碳和不完备分子的自由基组成。

小行星
xiǎo xíng xīng

太阳系里，除了八大行星之外还有许多小行星，它们很热闹，至今为止太阳系里发现了约70万颗小行星，它们是类似行星环绕太阳运动，但体积和质量比行星小得多的天体。

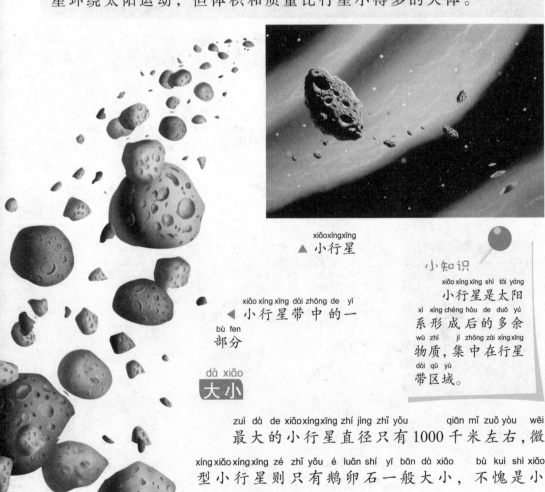

▲ 小行星
xiǎoxíngxīng

◀ 小行星带中的一部分
xiǎo xíng xīng dài zhōng de yī bù fen

小知识
小行星是太阳系形成后的多余物质，集中在行星带区域。

大小
dà xiǎo

最大的小行星直径只有1000千米左右，微型小行星则只有鹅卵石一般大小，不愧是小行星，真够小的。

分类

小行星分为三大类："硅质"小行星，占小行星总数的 15%，它含有一个铁镍内核；"金属质"小行星，占小行星总数的 10%，主要由铁和镍组成；"碳质"小行星数量最多，占了 75%，它含有丰富的碳。

▲ 看，多么美丽的小行星呀！

轨道

小行星的轨道有的位于小行星带，有的位于火星轨道内，还有的在水星轨道内。

小行星的 "第一颗"

第一颗以中国人命名的小行星：1802 张衡；第一颗以中国地名命名的小行星：2045 北京；第一颗以中国县命名的小行星：3611 大埔；第一颗以中国太空人名字命名的小行星：8256 杨利伟；第一颗中国人发现的小行星：1125 中华。

▶ 小行星的 "第一颗"

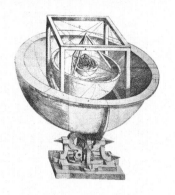

不懈的探索

宇宙中存在着好多好多的秘密，就像一个个的宝藏，等待着我们去发掘。从古代时期建造的天文台，到现在的最先进的太空天文望远镜，都是我们为了探寻宇宙的神奇奥秘所做的努力哦。

gǔ dài zhōng guó tiān wén
古代中国天文

很早很早以前我们的祖先就已经开始探索宇宙了，我们中
国是世界上有天文学最早的国家之一，在世界天文学上占有很
重要的地位。

méng yá jiē duàn
萌芽阶段

在原始社会时期我们的祖先就已经对太阳的变化做了记载，在尧帝时代就已经有专门的天文官了。

▲ 2002 年 5 月 20 日的 "五星连珠"

gǔ dài tiān wén xué jiā
古代天文学家

东汉时期的张衡，元代时期的郭守敬，他们是我们国家最著名的古代天文学家，很早就开始探索宇宙的奥秘了。

◀ 天文学家张衡

古代中国天文成就
gǔ dài zhōngguó tiān wénchéng jiù

wǒ guó zuì zǎo jì lù le hā léi huì xīng　liú xīng yǔ　tài yáng hēi zǐ děng　zhè shì duì wǒ
我国最早记录了哈雷彗星、流星雨、太阳黑子等，这是对我

guó hé shì jiè tiān wén xué zuì
国和世界天文学最

hǎo de kē xué yí chǎn　hái
好的科学遗产，还

zuì zǎo biān zhì le　lì fǎ
最早编制了历法。

zuì zǎo de　lì fǎ
▶ 最早的历法

立春	雨水	惊蛰	春分	清明	谷雨
立夏	小满	芒种	夏至	小暑	大暑
立秋	处暑	白露	秋分	寒露	霜降
立冬	小雪	大雪	冬至	小寒	大寒

天文仪器
tiān wén yí qì

wǒ menzhōngguó hěn zǎo jiù　yǐ jīng yǒu le tiān wén yí qì le　　wǒ guó zuì gǔ lǎo　zuì jiǎn dān
我们中国很早就已经有了天文仪器了，我国最古老、最简单

de tiān wén yí qì shì tǔ guī　yě jiào guī biǎo
的天文仪器是土圭，也叫圭表。

tǔ guī shì yī zhǒng cè　rì yǐngcháng duǎn de gōng
▶ 土圭是一种测日影长短的工

jù　suǒ wèi　cè tǔ shēn　shì tōngguò cè liàng tǔ guī
具。所谓"测土深"，是通过测量土圭

xiǎn shì de rì yǐngchángduǎn　qiú dé bù dōng　bù xī
显示的日影长短，求得不东、不西、

bù nán　bù běi zhī dì　yě jiù shì　dì zhōng
不南、不北之地，也就是"地中"。

小知识

wǒ guó shì zuì zǎo yǒu
我国是最早有

tiān wén xué de guó jiā zhī
天文学的国家之

yī
一。

zǎo qī tiān wén tái
早期天文台

tiān wén tái shì rén menzhuānmén jìn xíng tiān xiàngguān cè hé tiān wén xué yán jiū de jī gòu tiān
天文台是人们专门进行天象观测和天文学研究的机构，天

wén tái hěn duō dōu jiàn zài le shānshang gǔ dài hěn zǎo jiù yǐ jīng jiàn shè le tiān wén tái
文台很多都建在了山上，古代很早就已经建设了天文台。

shì jiè shang zuì zǎo de tiān wén tái
世界上最早的天文台

gǔ dài āi jí rén wèi le guān cè tiān lángxīng zài
古代埃及人为了观测天狼星，在

gōngyuánqián nián jiù yǐ jīng jiàn zào le tiān wén tái
公元前2600年就已经建造了天文台，

zhè shì shì jiè shang zuì zǎo de tiān wén tái ō
这是世界上最早的天文台哦。

dì gǔ tiān wén tái
▲ 第谷天文台

zǎo qī tiān wén tái de zuòyòng
早期天文台的作用

gǔ dài xǔ duō guó jiā de tiān wén tái
古代许多国家的天文台

chángcháng bù dàn shì tiān wénguān cè de cháng
常常不但是天文观测的场

suǒ yě shì yùnyòngzhànxīng xué de chǎngsuǒ
所，也是运用占星学的场所，

yě yīn cǐ tiān wén tái yī bān dōu wèi tǒng zhì zhě
也因此天文台一般都为统治者

suǒkòng zhì
所控制。

mǎ yǎ gǔ tiān wén tái
◀ 玛雅古天文台

我国著名的古代天文台

我国古代观测天象的台址名称很多，如灵台、瞻星台、司天台、观星台和观象台等。现今保存最完好的就是河南登封观星台和北京古观象台。

为什么天文台大都在山上

小知识

天文台是天文观测的场所，而且一般都建在山上。

越高的地方，空气越稀薄，烟雾、尘埃和水蒸气越少，影响就越少，所以天文台大多设在山上。

◀ 半球形的顶部可以随意打开窗口，以便观测

tiān wén jù rén gē bái ní
天文巨人哥白尼

小朋友们都听说过哥白尼吧，他最著名的一句话就是"人的天职在于踊跃探索真理"，下面我们就好好认识一下他吧。

▲ 哥白尼

简介 jiǎn jiè

哥白尼1473年出生于波兰，是第一位提出太阳为中心——日心说的欧洲天文学家，一般认为他著的《天体运行论》是现代天文学的起步点。

小知识

哥白尼兴趣广泛，精通多种语言，在物理方面也是一流的。

日心说 rì xīn shuō

哥白尼认为所有的天体都围绕着太阳运动，宇宙的中心在太阳附近，这就是"日心说"的提出。

《天体运行论》
tiān tǐ yùn xíng lùn

　　这是一部长达 6 卷的巨著，内容主要有 4 个要点：地球是运动的，月亮是地球的卫星，太阳是宇宙的中心，天体的排列有一定顺序、天体的运动也有一定规律。

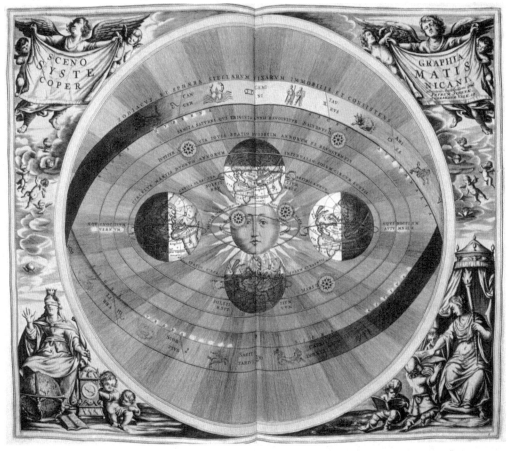

▲ 哥白尼的"日心说"理论

历史地位
lì shǐ dì wèi

　　哥白尼是近代天文学的奠基人，他的研究内容为以后天文学的发展打下了很好的基础，是最伟大的天文学家。

伽利略的发现
jiā lì lüè de fā xiàn

小朋友们肯定也听说过伽利略啦，他是伟大的天文学家、
力学家、哲学家、数学家，是不是很厉害啊！

◀ 伽利略

他的介绍
tā de jiè shào

伽利略是意大利人，1564年2月15日生于意大利的比萨，是一位伟大的科学巨人和不屈不挠的战士。

小知识

伽利略发现了宇宙，对天文学贡献巨大。

两个铁球同时落地

▲ 伽利略望远镜

1590 年，伽利略在比萨斜塔上 证明了两个不同重量的铁球同时落地的实验。聪明的小朋友可以试一下哦。

望远镜

望远镜是我们都很喜欢的东西哦，它就是由伽利略发明的，他还用望远镜观察宇宙呢。

科学发现

伽利略利用望远镜发现了月球表面的凹凸不平，并画出了第一幅月面图，还发现了土星光环、太阳黑子、太阳的自转等。

主要贡献

他用实验证实了哥白尼的"地动说"，彻底否定了统治千余年的亚里士多德和托勒密的"天动说"。

▲ 伽利略观察宇宙

"天空立法者"开普勒

tiān kōng lì fǎ zhě kāi pǔ lè

开普勒是一位伟大的科学家,他发现了行星的运动定律,他被后世誉为"天空的立法者"。他首先把力学的概念引进天文学,他还是现代光学的奠基人,制作了著名的开普勒望远镜。

他的名片

开普勒是德国人,1571年出生。开普勒就读于蒂宾根大学,1588年获得学士学位,三年后获得硕士学位。

◀ 开普勒

小知识

开普勒发现了行星的运动定律,是光学的奠基人。

给天空立法
gěi tiānkōng lì fǎ

　　行星的运动是很复杂的，不过经过开普勒发现的行星运动规律，它们的神秘性都消失的无影无踪了，开普勒就像给天空世界制定了法律。

▶ 开普勒天体几何
kāi pǔ lè tiān tǐ jǐ hé

重要贡献
zhòng yào gòng xiàn

　　他发现了行星运动三大定律，为哥白尼创立的"太阳中心说"提供了最为有力的证据。

成为英雄
chéng wéi yīng xióng

　　开普勒的研究使人类科学向前进了一大步，马克思高度评价了开普勒的品格，称他是自己所喜爱的英雄。

人物影响
rén wù yǐng xiǎng

　　由于开普勒做出了巨大的成就，世界首个用于探测太阳系外类地行星太空望远镜就被命名为"开普勒望远镜"。

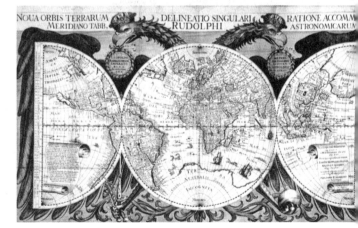

▲ 开普勒设想的地球
kāi pǔ lè shè xiǎng de dì qiú

哈勃和宇宙
hā bó hé yǔ zhòu

hā bó kě shì gè liǎo bù qǐ de kē xué jiā ne　　tā fā xiàn le xīng kōng de yín hé　　yuán
哈勃可是个了不起的科学家呢，他发现了星空的银河，原

lái jiù shì wǒ men de yín hé xì　　hái fā xiàn le yǔ zhòu zài bù duàn de biàn dà
来就是我们的银河系，还发现了宇宙在不断的变大。

人物介绍
rén wù jiè shào

hā bó　　měi guó tiān wén xué jiā　　guān cè
哈勃，美国天文学家，观测

yǔ zhòuxué de kāi chuàngzhě　　　　nián　　yuè
宇宙学的开创者。1889年11月20

rì shēng yú mì sū lǐ zhōu mǎ shén fēi ěr dé
日生于密苏里州马什菲尔德，1953

nián yuè　　rì zú yú jiā lì fú ní yà shèng mǎ
年9月28日卒于加利福尼亚圣马

lì nuò
力诺。

hā bó shì yín hé wài tiān wén xué de diàn jī rén hé tí
◀ 哈勃是银河外天文学的奠基人和提
gōng yǔ zhòupéngzhàng shí lì zhèng jù de dì yī rén
供宇宙膨胀实例证据的第一人。

研究贡献
yán jiū gòngxiàn

shì hā bó fā xiàn le yín hé xì wài miàn de xīng xì　　rú guǒ
是哈勃发现了银河系外面的星系，如果

méi yǒu hā bó　　wǒ men hái shì rèn wèi yǔ zhòuzhōng zhǐ yǒu tài yáng xì
没有哈勃，我们还是认为宇宙中只有太阳系

ne　　tā fā xiàn le yuán lái yín hé xì zhī wài hái yǒu hěn duō de xīng xì
呢，他发现了原来银河系之外还有很多的星系。

小知识

hā bó fā xiàn le yín
哈勃发现了银
hé xì wài xīng xì cún zài jí
河系外星系存在及
yǔ zhòu bù duànpéngzhàng
宇宙不断膨胀。

哈勃望远镜

由于哈勃在天文学上有巨大的贡献，现在在围绕地球运动的哈勃望远镜就是以他的名字命名的，是目前最重要的太空望远镜。

▶ 哈勃发现的银河外星系

哈勃定律

哈勃发现了哈勃定律，是我们计算银河系之外的星系与我们的距离的重要定律。

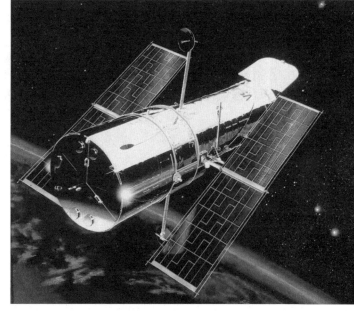

事件

三万光年外磁星爆发出耀眼光环，好像太空中的烟火。不管是对于天文学家还是中子星都是极少见的一个事件。

▲ 正在工作的哈勃望远镜

太空天文望远镜
tài kōng tiān wén wàng yuǎn jìng

　　小朋友肯定对浩瀚无垠的宇宙有很多的好奇吧，那么我们怎么方便的观察它呢？对了，天文望远镜是我们观察宇宙最好的朋友了，它是我们望向天空的"眼睛"。

小知识

　　天文望远镜是我们观测宇宙的重要科学工具之一。

◀ 巨型望远镜一般都是反射式望远镜。

它的产生

　　我们的地球被厚厚的大气层包围着，不方便我们观察地球外面的世界，为了更好地观察宇宙，太空望远镜就这样被发明出来了。

fēn lèi jiè shào
分类介绍

　　mù qián yǒu hěn duō tài kōngwàngyuǎnjìng zài yǔ zhòuzhōngyùn xíng guān cè kě jiànguāng bō duàn de
目前有很多太空望远镜在宇宙中运行，观测可见光波段的

hā bó tài kōngwàngyuǎnjìng guān cè hóngwài bō duàn de shǐ pǐ zhé tài kōngwàngyuǎnjìng guān cè
哈勃太空望远镜，观测红外波段的史匹哲太空望远镜，观测 X

guāng bō duàn de qián dé lā tài kōngwàngyuǎnjìng děngděng
光波段的钱德拉太空望远镜，等等。

dì yī gè tài kōngwàngyuǎnjìng
第一个太空望远镜

　　dì yī gè tài kōngwàngyuǎnjìng shì nián
第一个太空望远镜是 1990 年

fā shè de zhùmíng de hā bó tài kōngwàngyuǎnjìng
发射的著名的哈勃太空望远镜，

tā kě yǐ bì kāi dì qiú de dà qì céng ō wǒ
它可以避开地球的大气层哦，我

menxiàn zài kàn dào de hěn duō yǔ zhòuzhàopiàn dōu shì tā pāi de
们现在看到的很多宇宙照片都是它拍的。

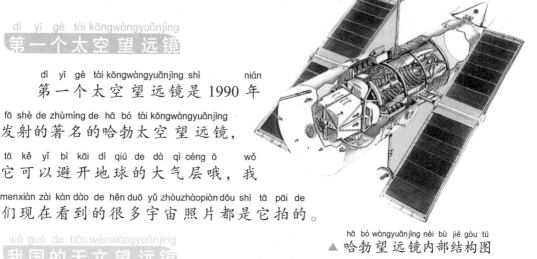

hā bó wàngyuǎnjìng nèi bù jié gòu tú
▲ 哈勃望远镜内部结构图

wǒ guó de tiān wénwàngyuǎnjìng
我国的天文望远镜

　　wǒ menzhōngguó dì yī tái tài kōng guǐ dàowàngyuǎn
我们中国第一台太空轨道望远

jìngchéngzuò zheshénzhōu èr hào fēi chuán yú niánshēng
镜乘坐着神州二号飞船于2001年升

rù tài kōng zhè shì wǒ menguó jiā dì yī cì zì xíng yán
入太空，这是我们国家第一次自行研

zhì de wàngyuǎnjìngshēngkōng
制的望远镜升空。

hā bó wàngyuǎnjìng
▶ 哈勃望远镜

wèi lái de tài kōngtiān wénwàngyuǎnjìng
未来的太空天文望远镜

　　xiàn zài yǔ zhòuzhōnghái yǒu hěn duō de mì mì děng dài wǒ men qù fā xiàn wèi lái de tài kōngwàng
现在宇宙中还有很多的秘密等待我们去发现，未来的太空望

yuǎnjìng huì gèngxiān jìn gèng kē xué shì wǒ men fā xiàn yǔ zhòu mì mì zuì zhòngyào de kē xuégōng jù
远镜会更先进、更科学，是我们发现宇宙秘密最重要的科学工具。

xiàn dài tiān wén tái
现代天文台

rú guǒ xiǎng hé yǔ zhòu líng jù lí jiē chù tiān wén tái shì yī gè hěn bù cuò de xuǎn
如果想和宇宙"零"距离接触，天文台是一个很不错的选

zé tā shì wǒ men yáo wàng tiān kōng de jī dì měi gè tiān wén tái dōu yōng yǒu yī xiē guān cè tiān
择，它是我们遥望天空的基地。每个天文台都拥有一些观测天

xiàng de yí qì shè bèi zhǔ yào shì tiān wén wàng yuǎn jìng
象的仪器设备，主要是天文望远镜。

jī běn fēn lèi
基本分类

xiàn dài de tiān wén tái zhǔ yào fēn wéi guāng xué tiān wén tái shè
现代的天文台主要分为光学天文台、射

diàn tiān wén tái hé kōng jiān tiān wén tái qí zhōng kōng jiān tiān wén tái shì
电天文台和空间天文台。其中空间天文台是

yóu rén zào wèi xīng zǔ chéng de zài tài kōng li fēi xiáng
由人造卫星组成的，在太空里飞翔。

小知识

xiàn dài de tiān wén tái
现代的天文台

yī bān dōu jiàn dào shān shang
一般都建到山上，

zhǔ yào shǐ yòng tiān wén wàng
主要使用天文望

yuǎn jìng guān chá
远镜观察。

zài xiàn dài tiān wén tái li bàn qiú xíng
▶ 在现代天文台里，半球形

wū dǐng hé wàng yuǎn jìng de zhuǎn dòng
屋顶和望远镜的转动

dōu shì yóu jì suàn jī xì tǒng
都是由计算机系统

kòng zhì de jīng què dù
控制的，精确度

fēi cháng gāo
非常高。

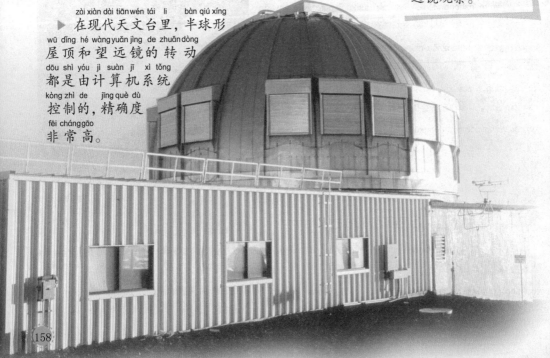

基本构造
jī běn gòu zào

天文台一般都是圆形的屋
tiān wén tái yī bān dōu shì yuán xíng de wū

顶，这样做不是为了好看哦，是
dǐng zhèyàngzuò bù shì wèi le hǎo kàn ō shì

为了方便我们更好地观察太空，
wèi le fāngbiàn wǒ mengènghǎo de guānchá tài kōng

观测室一般都是半圆形的。
guān cè shì yī bān dōu shì bànyuánxíng de

▲ 天文台的选址对环境质量的要求
tiān wén tái de xuǎn zhǐ duì huán jìng zhì liàng de yào qiú

非常高。
fēi cháng gāo

我国的天文台
wǒ guó de tiān wén tái

我国著名的天文台有国家天文台、紫
wǒ guó zhùmíng de tiān wén tái yǒu guó jiā tiān wén tái zǐ

金山天文台和上海天文台。它们在
jīn shān tiān wén tái hé shàng hǎi tiān wén tái tā men zài

世界上都是被公认最先进的天
shì jiè shangdōu shì bèi gōng rèn zuì xiān jìn de tiān

文台。
wén tái

▲ 天文台内部结构图
tiān wén tái nèi bù jié gòu tú

外国的天文台
wài guó de tiān wén tái

国外著名的天文台有英国格林威治皇家天文台、美国夏威夷
guó wài zhùmíng de tiān wén tái yǒu yīng guó gé lín wēi zhì huáng jiā tiān wén tái měi guó xià wēi yí

莫纳克亚山天文台、欧洲南方天文台等。
mò nà kè yà shāntiān wén tái ōu zhōunán fāng tiān wén tái děng

天文台
tiān wén tái